Bruno P. Kremer
Klaus Richarz

Wer nimmt das Nashorn huckepack?

BRUNO P. KREMER · KLAUS RICHARZ

Wer nimmt das Nashorn huckepack?

Unglaubliche Rekorde von Tieren und Pflanzen

Cartoons von Friedrich Werth

KOSMOS

Zwischen **WINZIG** klein und **GIGANTISCH** groß

Zahlen haben etwas Faszinierendes – nicht nur auf dem Kontoauszug (wenn sie denn mit positivem Vorzeichen verbucht sind), sondern generell, weil sie uns mit wenigen Zeichen die Größe aller Dinge verdeutlichen und objektive Vergleiche erlauben. Früher nahm man für solche Zwecke bestimmte Körperteile. So entstanden die traditionellen Längenmaße Zoll, Spanne, Elle und Fuß. Heute sind es international einheitlich auf den Meter als 40-millionsten Teil des Erdumfangs am Äquator bezogene Längenangaben. Dieser Maßbegriff wurde passenderweise vom altgriechischen Wort *metros* abgeleitet, was ohnehin schon Maß bedeutet. Für den Alltagsgebrauch reichen meist überschaubare Teile eines Meters wie Zenti- oder Millimeter oder sein Vielfaches wie der Kilometer aus, um die üblichen Längenprobleme in knackige Zahlen zu fassen. Unterhalb oder jenseits der vertrauten Dimensionen werden Meterangaben jedoch ziemlich unhandlich: Wie viel 0,000001 m (= Länge einer Bakterienzelle) oder 25.000.000.000.000.000.000 m (= ungefährer Abstand zur Andromeda-Galaxie) tatsächlich sind, ist schwer oder gar nicht vorstellbar und zudem in der konventionellen Schreibweise einfach unpraktisch.

Um zumindest diese Schwierigkeit in den Griff zu bekommen, haben die Rechenkünstler des 19. Jahrhunderts die vereinfachende Exponentialschreibweise und die teilenden Vorsatzangaben erfunden. Mit ganz wenigen Zahlzeichen lassen sich nun äußerst bequem alle im Universum vorkommenden Abmessungen darstellen. Teilt man beispielsweise die Länge 1 m zweimal hintereinander durch 10, erhält man den Zahlwert 10^{-2} m, was 1/100 m oder 1 cm entspricht und noch gut vorstellbar ist. Teilt man dagegen 1 m gar 10-mal hintereinander, ist man bereits bei winzigen 10^{-10} m und damit beim Durchmesser des kleinsten atomaren Bausteins der Materie, des Wasser-

stoffatoms. In diese Welten der Winzigkeit bis an die Grenze des überhaupt Darstellbaren entführen die verschiedenen Bautypen von Mikroskopen. Sogar Atome kann man seit Beginn der 1980er Jahre mit dem Rasterelektronenmikroskop abbilden. Die kleinsten Atome sind also höchstens 10^{10}-mal kleiner als wir selbst. Das Proton im Wasserstoffkern ist mit einem Durchmesser von nur 10^{-14} m noch einmal ungefähr 10.000-mal kleiner und verhält sich damit zur Gesamtgröße des Atoms wie eine Stubenfliege zum Kölner Dom. Wenn man die Zahlenwiedergabe mit Exponenten wie 10^{10} oder 10^{-14} partout nicht mag, gibt es als weitere Möglichkeit der Verständigung die verkleinernden Vorsilben: 1 millimeter (mm) ist der tausendste Teil eines Meters (10^{-3} m), 1 mikrometer (µm) dessen millionster Teil (10^{-6}) bzw. 1 tausendstel Millimeter. Noch kleiner ist die Angabe Nanometer (nm; 1 nm = 10^{-9} m oder 10^{-6} mm). Eine genau entsprechende Skalierung gibt es für Kilogramm (kg), Gramm (g), Milligramm (mg), Mikrogramm (µg) und Nanogramm (ng).
Diesen Kleinstmaßen stehen auf der anderen Seite die globalen und kosmischen Weiten gegenüber. Um von der eigenen Körpergröße in der Meter-Dimension auf den Durchmesser der Erde (Äquatordurchmesser = 12.756.320 m) zu kommen, muss man also nur 7-mal mit 10 multiplizieren – die Erde ist damit, aus dem Weltraum im Profil betrachtet, tatsächlich nur 10^{7}-mal größer als ein Schulkind von 1,27 m Größe. Verlässt man allerdings die irdischen Gefilde und dringt gar mit Teleskopen in den erdfernen Kosmos vor, werden die Entfernungs- und Größenangaben buchstäblich astronomisch. Da reichen Meter- oder Kilometerangaben einfach nicht mehr aus, wenn man nicht Zahlenfolgen von Zeilenlänge in Kauf nehmen möchte. Astronomen messen daher die Distanzen im Weltraum in Lichtjahren mit dem Weg, den ein Lichtstrahl in einem Jahr zurücklegt, nämlich 9,46 Billionen Kilometer = $9{,}46 \times 10^{12}$ km oder $9{,}46 \times 10^{15}$ m.

Die Grenze des Universums vermutet man heute in einer Entfernung von 13 Milliarden Lichtjahren. Das wären (leicht aufgerundet ...) 10^{24} m. Die gesamte erfahrbare und irgendwie überschaubare Natur bewegt sich also zwischen etwa 10^{-14} und 10^{24} und damit über knapp 40 Zehnerpotenzen – ausgedrückt in Meter, dem (Längen-)Maß aller Dinge. In diesem Buch unternehmen wir diverse Streifzüge durch Zahlen, die überwiegend Größen und Leistungen von Lebewesen beschreiben. Die gesamte Spanne von 40 Zehnerpotenzen werden wir dabei nicht durchschreiten, aber beim gelegentlichen Abtauchen in die kleinen Größenordnungen werden wir manches Mal auch in die mikroskopische Welt vordringen, wo nur noch Bruchteile eines Millimeters auf der Messlatte stehen. Schon allein um die Größe der Lebewesen zu vergleichen, muss man mehrere Zehnerpotenzen übergreifen: Der kleinste bekannte Einzeller, eine Bakterienzelle aus der Gruppe der Mycoplasmen, ist mit 0,00025 mm Durchmesser rund eine halbe Million mal kleiner als der größte Einzeller, der wie eine Superlinse aussehende Großkammerling *Cycloclypeus carpenteri* mit seinem respektablen Durchmesser von bis zu 13 cm. Das größte Säugetier, der bis zu 30 m lange (weibliche) Blauwal, ist dagegen nur 750-mal länger als der kleinste europäische Säuger, die Etruskische Zwergspitzmaus.

Selbst in einfache Zahlen verpackt, weist die Natur einen enormen Unterhaltungswert auf. Muntern Sie Ihre Skatrunde, das Kaffeekränzchen oder die nächste Abteilungsbesprechung doch einmal mit der Frage auf, wie viele Bakterien man auf einem i-Punkt dieser Buchseite aufstellen könnte, wie viele Kilometer Faden die Raupen des Seidenspinners für Ihre neue Bluse spinnen mussten oder wie lang der größte Penis der Erde ist. Die folgenden Seiten werden Ihnen die Antworten verraten. Beim Nachsuchen und Lesen der übrigen Bilanzen aus der Welt der Lebewesen wünschen wir Ihnen viel Lesefreude.

Riesentang: die größte ALGE

Üblicherweise stellt man sich eine Alge als mikroskopisch kleinen grünen Einzeller vor oder allenfalls als Fadenbüschel, das sich anfühlt wie lange Haare direkt nach dem Duschen. Für die Binnengewässer vom Parkteich bis zum Bodensee stimmt dieses Bild einigermaßen. An den Meeresküsten der gemäßigten Breiten benötigt man als Algenmaßstab jedoch die Dezimeter- oder sogar Meterskala. Die größte europäische Braunalgenart, der auch bei Helgoland vorkommende Zuckertang (*Laminaria saccharina*), wird bis zu 5 m lang und 40 cm breit und weist damit mehr Fläche auf als ein Surfbrett. Solche großen Braunalgen bezeichnet man nach einem norwegischen Wort als Tang oder nach einem irischen als Kelp.
Ungleich wuchtiger wird die an den Pazifikküsten Nord- und Südamerikas beheimatete Art *Macrocystis pyrifera*, der Riesentang oder Riesenkelp. Diese seltsame Rekordalge wird meist um 40 m lang, aber nicht selten auch bis zu 70 m. Und noch erstaunlicher: Die Alge erreicht diese Länge innerhalb nur weniger Wochen. In der Hauptwachstumsphase zwischen April und Juni verlängert sich *Macrocystis* jeden Tag um etwa 30 cm – man könnte ihr beim Wachsen tatsächlich zuschauen. Das selbst von einem kräftigen Erwachsenen nicht mehr zu hantierende Gebilde besteht aus ungefähr fingerdicken, ziemlich biegsamen Stielen, an denen in regelmäßigen Abständen bis zu 80 cm lange Blattgebilde sitzen. An der Basis tragen sie pflaumengroße gasgefüllte Blasen, die dem Riesentang nach dem Bojenprinzip im Wasser Auftrieb verleihen. Riesentange überwintern nur mit ihren reich verzweigten Wurzelorganen – die Dutzende Meter langen Blattgebilde werden abgeworfen, sofern sie nicht vorher geerntet wurden, um daraus Rohstoffe für Zahncremes, Jogurt, Speiseeis oder Kosmetika zu gewinnen. Im kommenden Frühjahr regeneriert sich der gesamte Bestand wieder.

A

Minimalist: die kleinste ALGE

Mikroben oder Kleinstlebewesen nennt man zutreffend die kleinsten Organismen, die man mit dem bloßen Auge gar nicht und selbst in einem leistungsfähigen Lichtmikroskop nur mit Mühe als kleine Pünktchen erkennen kann. Diese Größenklasse innerhalb der Lebewesen besetzen vor allem die Bakterien, die kleinsten Organismen überhaupt (vgl. S. 84). Im Januar 1981 wurde im Meerwasseraquarium eines Forschungsinstitutes der Universität Mainz eine winzige Grünalge entdeckt, die tatsächlich nur bakteriengroß wird und meist wenig über 1 μm Zelldurchmesser aufweist. Vermutlich wurde sie mit Meeresorganismen aus der Adria eingeschleppt, die zum Aquarienbesatz gehörten. Nach eingehender Untersuchung hat man sie genauer beschrieben und – sprachlich allerdings reichlich verunglückt – mit dem wissenschaftlichen Namen *Nanochlorum eucaryotum* versehen. *Nanochlorum*-Zellen sind zwar Minimalisten, besitzen aber außer einem funktionstüchtigen Zellkern alles, was zur Normalausstattung einer modernen Zelle gehört. Dennoch bewegt sie sich mit ihrer geringen Abmessung an der untersten Grenze dessen, was eine komplette, kernführende Zelle überhaupt leisten kann.

Unterdessen ist eine ganze Anzahl weiterer Kleinstalgen mit Zellkern bekannt, darunter *Picochlorum oklahomensis, Marvania geminata* oder *Nannochlorus atomus*. Wegen ihrer geringen Größe schlüpfen sie selbst durch die Maschen der feinsten Planktonnetze und sind deswegen nur mit besonderen Sammelmethoden zu fassen. Sie alle besetzen die für das Leben im Meer und in den Binnengewässern so wichtige Nahrungsquelle, das lange verkannte Picoplankton, dem man eine Obergrenze von höchstens 2 μm Zelldurchmesser zubilligt – mindestens 10-mal kleiner als das übliche Netzplankton wie beispielsweise aus Chiem- oder Nordsee.

Durchblick: Wer hat die größten AUGEN?

Große und eventuell auch noch dunkle Augen galten schon in der Antike als besonderes Schönheitsattribut. Die alten Griechen beschrieben einige ihrer Göttinnen als „kuhäugig“, und im antiken Rom träufelten sich die Damen den Saft der Tollkirsche in die Augen, um besonders große Pupillen zu bekommen – sie sahen dann nicht mehr viel, aber sahen zumindest gut aus. Im Allgemeinen hängt die Größe des Augapfels mit der Körpergröße zusammen. Die Hausmaus hat verständlicherweise kleinere Augen (3 mm Durchmesser) als ein Elefant (42 mm). Die mit Abstand größten Augen im Tierreich haben jedoch nicht die riesigen Wale, sondern die zu den Tintenfischen gehörenden Riesenkalmare. Bei den in der Tiefsee lebenden und bis zu 20 m langen *Architeuthis*-Arten messen die Augen bis über 40 cm Durchmesser. Das Auge der Kalmare ist fast so hoch entwickelt wie ein Wirbeltierauge und weist Iris, Pupille, Linse und Lider auf.

Stundenlang Liebe machen: die längste AUSDAUER

Alle menschliche Liebeskunst nach dem berühmten indischen Kamasutra hin oder her: Die längste Ausdauer bei der Paarung zeigen nicht etwa besonders erfahrene und geübte Menschenmänner. Nashornbullen laufen ihnen eindeutig den Rang ab: Bis zu 1,5 Stunden kann ein Nashornbulle auf einer Kuh aufreiten. Während der

ganzen, unendlich langen Zeit bleibt sein Begattungsglied eingeführt, wobei die Samenergüsse in Abständen von 1–2 Minuten aufeinander folgen! Doch wenn darauf vielleicht der eine oder andere Mann etwas neidisch werden sollte, mag er bedenken, dass sich in jeder Brunftzeit die Kuh nur einmal paart und das ganze für beide Partner ein zwar extrem ausgiebiges, aber auch ziemlich einmaliges Ereignis bleibt. Wer wollte, so betrachtet, noch mit den Nashörnern tauschen?

Atomhölle: das strahlenresistenteste **BAKTERIUM**

Als die Physiker um die Wende zum 20. Jahrhundert der natürlichen Radioaktivität auf die Spur kamen und schon bald eine Menge strahlender Elemente entdeckten, hatte man von der gesundheitsschädigenden Wirkung der radioaktiven Strahlung noch keine Vorstellung. Erst allmählich wurde deutlich, dass energiereiche Strahlung nicht nur ein interessantes physikalisches Phänomen ist, sondern im Körper zerstörerisch wirkt. Marie Curie, eine der verdienten Forscherinnen aus der Pionierzeit der Erforschung radioaktiver Elemente, starb schließlich an Leukämie.

Zu den gängigen Verfahren, mit denen man unerwünschte Mikroorganismen in Lebensmittelkonserven abtötet, gehört die Sterilisation mit radioaktiver Strahlung (oft mit einer Cobalt-Strahlenquelle). Auf diese Weise lassen sich Pilzsporen und die meisten Bakterien zuverlässig ausschalten. Bei dem Bakterium *Deinococcus radiodurans* versagt diese Methode. Die Zellen einiger Stämme, die man 1956 aus strahlensterilisierten Fleischkonserven isolierte, überstehen sogar unbeschadet eine Hölle mit einer Strahlendosis von bis zu 15.000 Gray – mehr als die 3.000-fache Dosis, die die meisten anderen Organismen überleben. Der Mensch überlebt sogar nur eine Strahlendosis von höchstens 3 Gray. Der Grund für die Resistenz von *Deinococcus* ist ein ungewöhnlich leistungsfähiger Eigenreparaturmechanismus für die besonders strahlensensible Erbsubstanz DNA.

Vom Knuddel-Knut zum Riesen: die größten BÄREN

Wer kann sich schon dem Charme „unseres" Knuts entziehen, dem kleinen, von Hand aufgezogenen Eisbären, der Anfang 2007 zum Medienereignis schlechthin werden sollte. Und dennoch wird aus „Knuddel-Knut" in absehbarer Zeit ein Riese. Denn Eisbären sind nun einmal die größten Bären der Welt und gleichzeitig auch die größten Fleischfresser. Erwachsene Männchen erreichen Körperlängen von 2,4–2,6 m und Gewichte von 400–600 kg. Ihnen am nächsten kommen die Riesenbraunbären der Kodiak-Inseln, Küsten Alaskas und Kamtschatkas: Männliche Kodiakbären bringen zwischen 475 und 530 kg bei Körperlängen von 1,7–2,8 m auf die Waage. Der schwerste wildlebende Kodiakbär wog 1894 bei seiner Erlegung 751 kg und ein wohlgenährtes Zooexemplar wurde sogar 757 kg schwer. Das ist immer noch nichts gegen den größten, jemals vermessenen Eisbär-Mann aus dem Kotzebue-Sund in Alaska. 1960 dort erlegt, ist das 3,4 m hohe Exemplar heute im Flughafen von Anchorage ausgestellt. Sagenhafte 1.002 kg soll der Riesenbär gewogen haben!

Trotz äußerlicher Verschiedenheit sind Braun- und Eisbären dennoch eng miteinander verwandt und können in Gefangenschaft gemeinsam Junge zeugen. Dies geschieht in der Wildnis jedoch nie, da sich ihre Lebensräume nicht überlappen. Durch den Klimawandel ist der Lebensraum des Eisbärs, der sich aus dem Braunbär in Anpassung an die eisigen Bedingungen der Arktis entwickelte, heutzutage extrem bedroht. Für die Eisbären sieht es immer schlechter aus. Die Riesenraubtiere verlieren mit dem Verschwinden des Treibeises buchstäblich den Boden unter ihren Füßen. Schon jetzt sinken die Bestandszahlen massiv, weil die Eisbären entweder verhungern oder bei der Jagd ertrinken. Nach den Prognosen der Klimaforscher wird es im Jahr 2040 überhaupt kein Treibeis mehr im arktischen Sommer geben. Eine Katastrophe für die wilden Verwandten unseres Knut! Hoffentlich hilft Knut mit seiner Popularität dabei, die Menschen wachzurütteln, damit die Politik wirkungsvolle Schritte gegen die Ursachen der globalen Klimaerwärmung unternimmt. Schließlich sollten auch noch künftige Generationen die größten Bären und Fleischfresser der Erde auf den gefrorenen Meeren, Inseln und Küsten der Arktis beobachten können, ein Lebensraum der so fern und dennoch auch für uns so (über)lebenswichtig ist.

Bär im Teddybärformat: der kleinste BÄR

Auch wenn er mit seinem kurzen, schwarzen Fell und den weißen bis orangefarbenen, halbmondförmigen Abzeichen auf der Brust eher schlank und weniger wie ein Knuddel-Teddybär daherkommt, entspricht der Malaienbär als kleinster aus der Familie der Großbären noch am ehesten dem Format unserer Teddys. Nur 1,1–1,5 m lang, ca. 70 cm hoch und zwischen 27–65 kg schwer ist *Ursus malayanus,* der wegen seiner Vorliebe für Süßes – eine weitere Gemeinsamkeit dieser Teddybären mit seinen kleinen Besitzern – auch Honigbär genannt. Die kleinste Variante des Honigbärs kommt auf Borneo vor. Namensgeber für den echten Teddy war übrigens der US-Präsident Theodor „Teddy“ Roosevelt.

General Sherman: der massivste BAUM

Der Riesen-Mammutbaum (*Sequoiadendron giganteum*) ist an den Westhängen der kalifornischen Sierra Nevada beheimatet und dort heute noch in etwa 70 größeren und kleineren so genannten Mammutbaumhainen verbreitet. Am zugänglichsten sind diese Baumgiganten in den drei benachbarten Nationalparks Sequoia National Park, Kings Canyon und Yosemite National Park. Die größten heute noch stehenden Vertreter tragen individuelle Namen wie Giant Grizzly oder General Grant. Das größte noch stehende und wachsende Exemplar ist der General Sherman Tree im Sequoia National Park, benannt nach einem offenbar verdienten Südstaatenkämpfer, dessen Denkmal an der Fifth Avenue beim Eingang zum Central Park in New York steht. Der Baumgigant, der auf der Welt seinesgleichen nicht (mehr) hat, ist fast 85 m hoch. Knapp über den Wurzeln ist sein Stamm knapp 12 m dick und hat in 55 m Höhe immer noch 4 m Durchmesser. Sein größter Ast ist über 40 m lang und im Durchschnitt etwa 2 m dick.

Der gesamte Holzvorrat wird auf 1.498 m³ geschätzt – soviel wie auf 1 ha eines mitteleuropäischen Mischwaldes wächst. Seine gesamte Biomasse beträgt schätzungsweise 2.150 t oder soviel wie 15 ausgewachsene Blauwale. Aus einem solchen Baum von der Größe des General Sherman Trees hat man in den Rocky Mountains im 19. Jahrhundert eine komplette Dorfkirche mit 350 Sitzplätzen samt 20 m hohem Glockenturm errichtet. Würde man für solche Seelsorgezwecke hiebreife Spessart-Eichen verwenden, wären annähernd 200 Bäume „fällig"!

Wüstengewächs Weltwitschie: der seltsamste BAUM

Auch wenn die Stadtgärtner die Alleebäume der Lindenstraße so zurecht gestutzt haben, dass sie aussehen wie vergammelte Zahnbürsten, erkennt man sie ohne weiteres als Bäume. Sogar auf militärische Geradlinigkeit getrimmtes Spalierobst oder die Bonsais aus dem Baumarkt haben unverkennbar Baumcharakter. Bei einer der sicherlich seltsamsten Baumgestalten, die man in der Natur findet, denkt man zunächst nicht an einen Baum: Der meist nur 50 cm hohe, aber bis zu 1 m dicke Stamm der Weltwitschie und dazu zwei bandförmige, meist 2 m (höchstens 5 m) lange und bis zu 50 cm breite, an den Enden aufgefaserte Blätter passen in kein übliches Bild eines Gehölzes.

Diesen eigentümlichen Baum entdeckte der österreichische Arzt und Botaniker Friedrich Weltwitsch 1859 im südafrikanischen Angola. Joseph D. Hooker vom berühmten botanischen Garten in Kew bei London beschrieb die Art und benannte sie 1863 nach ihrem Entdecker *Weltwitschia mirabilis*. Sie umfasst zwei Unterarten, repräsentiert eine eigene Familie und sogar eine eigene Ordnung innerhalb der Nacktsamer. Alle Vorkommen liegen in der biologisch einzigartigen Wüste Namib im südlichen Afrika im Süden von Angola und im Norden von Namibia. In Namibia ziert die seltsame Weltwitschie sogar das Staatswappen. Die Pflanzen sind zweihäusig – die männlichen und weiblichen Blüten entwickeln sich auf verschiedenen Individuen. In Europa sind sie nur in wenigen botanischen Gärten zu sehen.

Die Zeiten durchstehen: die ältesten BÄUME

Zumindest in den gemäßigten Breiten mit ihren ausgeprägten Jahreszeiten tragen die Bäume und Sträucher sozusagen ihre eigene Biografie in sich: Die jährlich angelegten Wachstumsringe verraten in ihrer Summe absolut eindeutig das individuelle Alter eines Gehölzes. Zur genauen Altersbestimmung muss man die betreffende Wotanseiche oder eine ehrwürdige Gerichtslinde natürlich nicht fällen, denn zur Auszählung der Jahrringe genügt auch eine kleine Holzbohrprobe. Oft sind die Stämme allerdings hohl. Dann ist das genaue Alter nur ungefähr abschätzbar. Bei so mancher angeblich 1.000-jährigen Eiche oder Linde ist deswegen ein Spielraum von mehreren Jahrhunderten durchaus realistisch, sofern nicht andere Quellen verfügbar sind. Andererseits liegen von vielen Baumarten recht genaue Jahrringchronologien vor. Mindestens zwei Dutzend Baumarten weltweit erreichen locker ein Lebensalter von über 1.000 Jahren.
Bei den kalifornischen Mammutbaumarten *Sequoia sempervirens* und *Sequioadendron giganteum* (vgl. S. 13) ist am gefällten Stamm ein Höchstalter von 3.212 Jahren dokumentiert, obwohl John Muir, der Begründer der Nationalparkidee, von einem Stamm mit etwas über 4.000 Jahrringen berichtet. Die Grannen-Kiefern (*Pinus longaeva*) in den White Mountains in den südwestlichen USA sind durch

Jahrringzählung auf über 4.700 Jahre datiert. Am liegenden Holz dieser Art hat man umgekehrt die bekannte Isotopen-Datierungsmethode mit radioaktivem Kohlenstoff (^{14}C; Radiokarbonmethode) für die letzten 10.000 Jahre exakt eichen können.
Der älteste Baum der Welt ist vermutlich ein Europäer, nämlich die bekannte Fortingall-Eibe (*Taxus baccata*) in Perthshire/Schottland. Sie ist einigermaßen sicher älter als 5.000 Jahre und wird von Fachleuten sogar auf rund 9.000 Jahre geschätzt. Gerade auf den britischen Inseln und in Irland finden sich uralte Eiben auf den Friedhöfen an romanischen Kirchen, die erwiesenermaßen an früheren keltischen Kultplätzen errichtet wurden. Daher datieren die betreffenden Bäume vermutlich bis in die jüngere Steinzeit (bis ca. 4.000 v. Chr.) zurück. Eine rund 2.000-jährige Eibe ist übrigens auch Deutschlands ältester Baum – sie wächst in der Nähe von Balderschwang im Allgäu.

Hölzerne Wolkenkratzer: die höchsten BÄUME

Ausdrücklich als kleinsten aller Bäume bezeichnete der schwedische Naturforscher Carl von Linné im Jahre 1753 die Kraut-Weide (*Salix herbacea*), ein Gehölzwinzling, viel kleiner als ein Bonsai und gerade einmal streichholzlang. Das andere Ende der Größenskala, die kalifornischen Mammutbäume, kannte Linné noch nicht. Missionare berichteten 1778 aus Kalifornien, man habe ein großes Naturwunder entdeckt – einen Wald, der wohl noch den Kampf der Dinosaurier erlebt haben müsse. Die Bewunderung galt dem Immergrünen Mammutbaum (*Sequoia sempervirens*, auch Küsten-Mammutbaum oder Küsten-Sequoie genannt), der einen schmalen Geländestreifen von etwa 30 km Breite und rund 700 km Länge vom südlichen Oregon bis in

die Gegend von San Francisco besiedelt und nicht weiter als 50 km von der Pazifikküste entfernt vorkommt. Wuchshöhen um 100 m sind völlig normal. Die drei höchsten noch stehenden (und wachsenden) Exemplare sind die Riesen im Redwood Creek Grove in Humboldt County/Nordkalifornien. Nach den jüngsten forstamtlichen Listen messen sie 112,9 bzw. 112,4 und 111,3 m Höhe. Mit ihren mehr als 100 m Höhe würden sie, lägen sie der Länge nach am Boden, auf kein normales Fußballfeld passen. Ihre Stämme sind jedoch nicht nur unglaublich hoch, sondern auch entsprechend dick. In Augenhöhe beträgt der Stammdurchmesser bei jedem der drei Rekord-Redwoods fast 7 m bei einem Umfang von rund 21 m. Als man 1876 auf einer Ausstellung in Philadelphia einen aus über 5.000 km Entfernung herbeigeschafften Sequoia-Stamm zeigte, hielten ihn die Besucher für einen ausgemachten Schabernack der Kalifornier und überlegten ernsthaft, wie man denn eigentlich mehrere Einzelstämme so geschickt zusammenleimen könne.
Der nahe verwandte, 1853 in den unzugänglichen Tälern der kalifornischen Sierra Nevada entdeckte, in Höhen zwischen 1.500–2.400 m vorkommende Riesen-Mammutbaum (*Sequoiadendron giganteum*) steigert das Bild sogar noch etwas, weil er insgesamt massiger wächst und darum imposanter wirkt. Aus dem Calaveras National Forest in den kalifornischen Rocky Mountains ist ein Rekordmaß von 135 m verbürgt. Stünde dieser höchste bisher überhaupt vermessene und nach dem Fällen (um 1860) „Vater des Waldes" genannte Mammutbaum gleich neben dem Kölner Dom, so reichte sein oberer Leittrieb bis fast an den Ansatz der Kreuzblume auf den Domtürmen. Die nach den Abholzungen im 19. Jahrhundert übrig gebliebenen und heute geschützten Bäume sind im Durchschnitt etwas niedriger als die Redwoods, erreichen mit ihren 80–90 m Wuchshöhe aber immer noch fast das 3-Fache einer aus-

gewachsenen heimischen Buche oder Eiche. Ein historisches Rekordmaß erreichte auch ein 1872 in Victoria gefällter australischer Riesen-Eukalyptus (*Eucalyptus regnans*) – er war bei einem Durchmesser von 5,5 m stolze 132,5 m hoch. Die höchsten heute noch wachsenden Exemplare dieser Art sind 98 m hoch. Rein holzstatisch betrachtet könnten Bäume sogar noch höher werden. Bei etwa 140 m ist jedoch eine physiologische Grenze erreicht, denn bei dieser Höhe reißen die feinen Wasserfäden in den Leitgeweben von Stamm und Ästen unter ihrem Eigengewicht ab.

Vielfüßig: Wer hat die meisten BEINE?

Mit zwei Beinen im Leben stehende Wesen erscheinen uns als Normalfall. Vierbeiner aus der Parade der kuscheligen Säugetiere sind davon nicht grundverschieden, denn unsere Arme sind eigentlich ebenfalls Beine. Sechs Beine sind das besondere Kennzeichen der Insekten. Auf acht Laufbeinen huschen die Spinnen umher. Ab zehn Beinpaaren wie bei den Krebsen wird die Extremitätenlage allmählich unübersichtlich. Die im Boden lebenden Hundertfüßer haben mindestens 15 Laufbeinpaare. Den Rekord hält der im tropischen Amerika beheimatete Erdläufer *Titanophilus* mit bis zu 181 Beinpaaren. Die Beinpaaranzahl ist innerhalb dieser Arten eigenartigerweise nicht ganz genau festgelegt, aber immer ungeradzahlig.

Während viele Vertreter der Hundertfüßer die Namen gebenden 100 Füße locker zusammen bekommen, bleiben die damit verwandten Tausendfüßer deutlich unter dem kompletten Tausend. Dafür tragen sie an jedem ihrer zahlreichen Körpersegmente gleich zwei Beinpaare. Die größte und beinreichste Art ist der in Ostafrika vorkommende Riesenbandfüßer *Archispirostreptus* – er wird bis zu 30 cm lang und trägt rund 300 Beinpaare. Ohne perfekte Choreografie würden sich seine überaus zahlreichen Extremitäten ständig verheddern.

Wie ein Flugzeugflügel: das größte BLATT

Sollte man in mitteleuropäischen Gefilden bei einer Sommerwanderung einmal vom Platzregen überrascht werden, hat man eventuell rasch eine hilfreiche Einwegkapuze zur Hand: Die Blätter der heimischen Pestwurz-Arten sind fast 0,5 m^2 groß und halten das Schlimmste wirksam ab. In anderen Regionen der Erde nimmt man besonders große Blätter ebenfalls als Regenschutz – allerdings zum Eindecken von Hausdächern.

Neben dem schlanken, aber stabilen und fast immer unverzweigten Stamm sind die Fächer- oder Fiederblätter sicher das auffälligste Merkmal der Palmen: Alle Blätter drängen sich am oberen Stammende in einem Blattschopf gewaltiger Ausmaße zusammen. Die einzelnen Blätter sprengen alle üblichen Normen für diese Organe. Rekordhalter ist die auf Madagaskar beheimatete Raffia-Palme (*Raphia farinifera*) mit Blättern so hoch wie das Brandenburger Tor (nämlich bis zu 22 m) bei oftmals mehr als 3 m Breite. Ein solches einzelnes Palmblatt weist also unter Umständen die gleiche Fläche auf wie beide Tragflächen eines Kleinflugzeugs.

B

Klappe zu: das schnellste BLATT

Pflanzen sehen – wenn sie nicht passiv bewegt werden – meist ziemlich starr und steif aus. Rasche Eigenbewegungen nach Art der Tiere sind nicht ihr Ding. Nur die geduldige Beobachtung oder die Dokumentation mit Fotografien in Zeitraffertechnik decken allerhand Bewegungsabläufe auf. Umso erstaunlicher und geradezu spektakulär erscheint es daher, wenn ein Pflanzenorgan ein gänzlich unerwartetes Temperament entwickelt und geradezu schlagartig reagiert. Neben einzelnen Blütenteilen (vgl. S. 23) kommen solche Überraschungsmanöver vor allem bei den Fangeinrichtungen Tier fangender („Fleisch fressender“) Pflanzen vor. Zu den schnellsten Bewegungen im Pflanzenreich gehört das Zusammenklappen der Fangblätter der Venusfliegenfalle (*Dionaea muscipula*) entlang der Mittelrippe, die sozusagen als Scharnier wirkt. Schon Charles Darwin hat sich mit dieser faszinierenden, aus dem Südosten der USA (Carolina) stammenden Moorpflanze näher befasst, die man heute in fast jedem Gartencenter als botanische Kuriosität kaufen kann. Ausgelöst wird das augenblickliche, nur knapp eine halbe Sekunde beanspruchende Schließen der beiden am Rande stachelbewehrten und somit jedes Entkommen vereitelnden Blatthälften durch die Verformung eines der zahlreichen feinen Sinneshaare auf der Blattfläche, wobei – offensichtlich zur Vermeidung von Fehlalarm – die Schließbewegung nur dann abläuft, wenn ein Sinneshaar zweimal kurz hintereinander gereizt wird. Sollte das auslösende Insekt wider Erwarten der tödlichen Falle dennoch entkommen, öffnet sich das Blatt nach etwa 40 Minuten und ist dann erneut fangbereit – allerdings höchstens ein drittes oder viertes Mal. Dann stirbt es allmählich ab, was sich durch Schwarzfärbung ankündigt. Käufliche Pflanzen sollte man also nicht ständig mit Käse oder Schinken überfüttern.

Leben im Eisfach: **BLÜHEN** in der (Ant)Arktis

Die auffallende Höhenstufen-Gürtelung der Pflanzendecke im Hochgebirge, die bei den Laubwäldern der Hügelregion beginnt und mit den Polsterpflanzen und Flechtenbändern irgendwo in der Gipfelregion des ewigen Eises endet, ist ein sichtbarer Ausdruck für die Abfolge verschiedener Klimazonen. Was im Gebirge vertikal übereinander folgt, entspricht – kaum verwunderlich – den verschiedenen Vegetationszonen mit zunehmender geografischer Breite. Wenn man in den Nordalpen bei einer Bergwanderung in ca. 1.800 m Höhe unterwegs ist, erlebt man ungefähr die gleiche Pflanzenwelt wie 1.800 km weiter nördlich in Skandinavien. Rund 1.000 m Höhengewinn in den Alpen entspricht also einem Breitenunterschied von etwa 1.000 km. In 3.000 m Höhe in den Zentralalpen (höchster Tagesdurchschnitt knapp +2 °C, tiefster Tagesdurchschnitt etwa –13 °C) herrscht etwa das gleiche Klima wie am Rande der Arktis oder der Antarktis.

Irgendwann wird es aber auch die widerstandsfähigsten Pflanzenarten kalt erwischen. In der Arktis halten den Breitenstandortrekord der Arktische Mohn (*Papaver arcticum*) und die Arktische Weide (*Salix arctica*) bei 83° nördlicher Breite. Auf der anderen Seite der Erde sind es die Antarktische Schmiele (*Deschampsia antarctica*) und die Dickblattnelke (*Colobanthus crassifolius*), die noch bei 65° südlicher Breite gedeihen. In den Alpen wäre das ein Standort oberhalb 4.000 m. Erstaunlicherweise wachsen sie in ihrem Verbreitungsgebiet neuerdings in Gesellschaft einer aus Europa eingeschleppten Grasart, nämlich des Wiesen-Rispengrases (*Poa pratensis*). Das Erstaunliche an diesen Standorten sind übrigens nicht die relativ niedrigen Temperaturen, die die Pflanzen ertragen, sondern die nur extrem kurzen Produktionszeiten: Die Blätter haben kaum Gelegenheit, einen Sonnenstrahl einzufangen.

BLUTDRUCK: Auch kleine Tiere stehen unter Druck

Wenn der Arzt den soeben gemessenen Blutdruck vermeldet, redet er beispielsweise von „120 zu 80". Damit nennt er zunächst den systolischen Druckwert bei der Kontraktion des Herzmuskels, der eine Quecksilbersäule (Elementsymbol Hg) in einer Glasröhre 120 mm hoch drückt, und danach den immer etwas niedrigeren diastolischen Wert in der Erschlaffungsphase. Für diese traditionellen Druckangaben in mm Hg verwendete man früher wie beim Wetterbarometer die Einheit Torr. Heute ist dafür eigentlich nur noch die gesetzliche Einheit Pascal (Pa) zulässig. Die benannten Durchschnittswerte für einen erwachsenen Menschen betragen in dieser Maßeinheit 253 bzw. 160 HektoPascal (hPa).

Die meisten Tiere haben einen davon deutlich abweichenden Blutdruck. Unter den Säugetieren führt die Giraffe mit 340/230 mm Hg (454/308 hPa) die Tabelle an – verständlich, denn ihr Herz muss das Blut immerhin über mehrere Meter Höhendifferenz bis zum sauerstoffbedürftigen Gehirn bewegen. Für die großen Dinosaurier hat man auf dieser Grundlage Blutdruckwerte bis 640/410 mm Hg errechnet – ein Mensch wäre bei solch einem hohen Blutdruck schon längst tot.

Erstaunlich ist, dass auch Vögel trotz ihrer kleinen Körper einen ungewöhnlich hohen Blutdruck haben. Beim Haussperling etwa beträgt er 180/140 mm Hg. Nach menschlichen Kategorien wäre der muntere Spatz auf dem Dach daher ein gefährdeter Hypertoniker und sicherer Infarktkandidat. Interessant ist, dass relativ hohe Blutdruckwerte nur bei warmblütigen Tieren – eben Vögeln und Säugetieren – vorkommen. Bei den Wechselwarmen, beispielsweise bei einem Fisch oder einem Frosch, lautet das Ergebnis einer Druckmessung meist „33 zu 19" oder allenfalls „40 zu 20".

Pollenklatsche: die schlagfertigste BLÜTE

Alle Entfaltungsbewegungen einer Blüte gehen auf allmähliche Druckveränderungen und die dadurch ausgelöste Streckung bestimmter Zellverbände zurück. Diese Prozesse brauchen ihre Zeit, und deshalb vollziehen sich die meisten Bewegungsabläufe nahezu unmerklich im eher gedehnten Zeitlupentempo. Es gibt aber auch hier bemerkenswerte Ausnahmen. Rasche und sofort erkennbare Bewegungen einzelner Blütenteile stehen meist im Dienste einer optimalen Bestäubungssicherung. So ist es auch bei den als Ziergehölze häufig verwendeten Berberitzen (*Berberis*-Arten) und ihren näheren Verwandten wie der immergrünen Mahonie (*Mahonia aquifolium*). In deren geöffneten Blüten sind die Staubblätter weit nach außen gebogen. Sobald jedoch ein Blütenbesucher beim Nektartanken am Blütengrund die Stielchenbasis der Staubblätter berührt, klappen diese sekundenschnell nach innen und kleben dem Blütengast eine gehörige Pollenportion an Saugrüssel und Kopf. Beim nächsten Blütenbesuch streift das bestäubende Insekt diese Fracht dann an der Narbe ab. Das augenblickliche Klappmanöver kann man übrigens leicht mit einer Nadel oder einem spitzen Halm auslösen.

Knisternde Spannung: die schnellste BLÜTE

Am kühlen Morgen sind sie noch fest geschlossen. Erst in der wärmenden Vormittagssonne ändert sich das Bild: Die Blüten entfalten sich zu voller Größe und sind nunmehr als Ausflugslokale für ihre bestäubenden Insektengäste geöffnet. Meist vollzieht sich die Entfaltung einer Knospe zur voll erblühten Blume so langsam, dass man das gesamte Manöver nicht direkt verfolgen kann – es sei denn, man verbringt einen gemütlichen Vormittag mit Winkelmesser und Stoppuhr im Garten. Für etwas Ungeduldigere hat die Natur allerdings einige Arten im Angebot, deren Blüten sich sozusagen zusehends, nämlich innerhalb von rund 30 Sekunden öffnen: Die Nachtkerzen (*Oenothera*-Arten) sind zwar in den Prärien Nordamerikas zu Hause, aber auch in Mitteleuropa als dekorative Sommergartenblumen oder als Neubürger der heimischen Flora zu erleben. Ihre großen, hellgelben Blütenblätter, die schon ab Spätnachmittag verheißungsvoll aus der leicht geöffneten Kelchblatthülle ragen, strecken sich mit vernehmlichem Knistern in der fortgeschrittenen Dämmerung und dabei genauso rasch, wie es sonst nur eine Aufnahmenserie im Zeitrafferverfahren zeigen kann. Besonders eindrucksvoll läuft diese abendliche Ouvertüre bei der Rotkelchigen Nachtkerze (*Oenothera glazioviana*) ab, deren Blüten über 6 cm breit werden. Die *Oenothera*-Blüten sind typische Nachtfalterblumen und werden schon kurz nach dem Öffnen häufig angeflogen. Schon am folgenden Tag ist die aufwändige Inszenierung vorüber – dann hängt die Blüte völlig schlaff durch. Für den nächsten Abend geht indessen im großen Blütenstand schon die nächste Garnitur an den Start.

Giftschrank Garten: die giftigste BLÜTENpflanze

Verständlicherweise sind nicht alle Pflanzen für die menschliche Ernährung geeignet. Die Natur hat so manches hübsch aussehende Gewächs mit ziemlich starken Giften ausgestattet, um zudringliche Pflanzenfresser wirksam abzuwehren. Das gilt auch für viele Zierpflanzen. Ein wahllos zusammengestellter bunter Blattsalat aus dem sommerlichen Garten kann daher leicht auf einen schlimmen Horrortrip entführen.

Die mit Abstand giftigste Pflanze Europas ist der auf Bergwiesen ebenso wie in vielen Ziergärten wachsende Blaue Eisenhut (*Aconitum napellus*), eine in der freien Natur ebenso wie seine zahlreichen Verwandten streng geschützte Art. Die für den Menschen tödliche Dosis seiner schweren, Atmung und Herzschlag lähmenden Nervengifte (Hauptalkaloid Aconitin) liegt bei weniger als 0,1 mg/kg Körpergewicht. Nur wenige Blätter oder ein knapp fingerlanges Wurzelstück reichen also. Eine wirksame Giftmenge kann man übrigens auch durch intensiven Hautkontakt mit frisch geschnittenen Pflanzenteilen aufnehmen.

Von vergleichbarer Gefährlichkeit, aber mit anderen Angriffsorten im menschlichen Körper, ist das Gift der auch Wunderbaum genannten Rizinuspflanze (*Ricinus communis*). Der ausgesprochen dekorative Rizinus ist im tropischen Afrika beheimatet, wird aber auch in Mitteleuropa als Gartenzierpflanze verwendet. Der Wirkstoff Ricin ist vor allem in den Samen enthalten. Für den Menschen rechnet man mit einer kritischen Dosis von etwa 1 mg/kg Körpergewicht. Der Verzehr von nur acht Samen kann also tödlich ausgehen. Bei direkter Injektion ist die Giftwirkung etwa 1.000-mal stärker – sie liegt dann bei unter 1 µg/kg Körpergewicht, womit Rizinus zu den giftigsten Blütenpflanzen überhaupt gehört. Im Rizinusöl, das aus den Samen für technische, medizinische oder kosmetische Zwecke gewonnen wird, ist kein Ricin enthalten.

Gipfelstürmer: Höhenrekorde von BLÜTENpflanzen

An der Höhengliederung der alpinen Pflanzenwelt ist fast liniengenau abzulesen, dass sich das Klima von unten nach oben stufenweise ändert. Vom Kulturland über den Laub- und den Nadelwaldgürtel bis zu den Zwerg-

strauch- und Polsterpflanzenbeständen wird die Vegetation als Antwort auf die geringeren Durchschnittstemperaturen mit zunehmender Höhe immer kleiner und lückenreicher. Erstaunlicherweise halten einzelne Blütenpflanzenarten aber selbst in ziemlich ungemütlichen Hochlagen aus. Lange Zeit galt der weiß blühende Gletscher-Hahnenfuß (*Ranunculus glacialis*) – der Name ist sozusagen Programm – den Höhenrekord. Am Finsteraarhorn in den Schweizer Alpen fand man ihn blühend in 4.250 m Höhe. Seit kurzem ist er zumindest in den europäischen Alpen abgelöst vom Zweiblütigen Steinbrech (*Saxifraga biflora*), der nur 1–5 cm hoch wird. Er blühte erstaunlich üppig in 4.450 m Höhe in der Gipfelregion der Mischabel-Gruppe im schweizerischen Wallis.
Höhenrekorde im Hochgebirge sind natürlich breitenabhängig. Am norwegischen Glittertind stellt ein Vorkommen schon bei knapp 1.800 m Höhe eine absolut bewundernswerte physiologische Leistung dar. Entsprechend streben die Pflanzen in den äquatornäheren Breiten vernehmlicher nach Höherem. Am Kilimandscharo in Tansania gedeiht im arktischen Klima afrikanischer Hochlagen die Strohblume *Helichrysum newii* in 5.670 m Höhe. Im Jahre 1955 fand man im Grenzgebiet von Tibet und Indien blühend (!) die Hahnenfuß-Art *Ranunculus lobatus* und den Kreuzblütler *Ermania himalayensis* noch bei 6.360 m. Den derzeit absoluten Höhenrekord weltweit hält die Alpenscharte *Saussurea gnaphaloides* in 6.400 m Höhe an der Nordflanke des Mt. Everest. An ihrem wind-, aber auch stark sonnenexponierten Felshang ist sie sonst nur von Krustenflechten umgeben, die in der modernen Biologie aber nicht als Pflanzen, sondern als spezialisierte Pilze gelten. Im Himalaja kommen Flechten noch in rund 7.400 m Höhe vor. Diese seltsamen Organismen sind ohnehin ein Wunder an Genügsamkeit, die Extrembedingungen zwischen Bratpfanne und Tiefkühltruhe ertragen.

Titanenhaft: der größte BLÜTENSTAND

Eine der spektakulärsten Erscheinungen im Pflanzenreich ist die nur auf Sumatra in den Regenwäldern vorkommende Titanenwurz (*Amorphophallus titanum*), eine enge Verwandte des heimischen Aronstabs. Sie entwickelt nur ein einziges, allerdings mehrfach gefiedertes Blatt, das aussieht wie ein kleiner Baum – bis zu 6 m hoch, ungefähr ebenso breit und getragen von einem 10 cm dicken Blattstiel. Auch der im Wechsel mit dem Blatt erscheinende Blütenstand sprengt alle sonst üblichen Dimensionen: Winzige männliche und weibliche Blüten sitzen an der Basis einer kolossalen, keulenförmig verdickten, bis über 3 m hohen, bleichen Blütenstandsachse. Sie wird von einem riesigen, trichterartig gefalteten, bis zu 1,5 m breiten Hochblatt eingehüllt. Beim Aufblühen verströmt der Blütenstand der Titanenwurz einen ziemlich üblen Aasgeruch und lockt damit die Weibchen nachtaktiver Käfer aus den Gattungen *Creophilus* und *Diamesus* an, die ihre Eier sonst in verwesende Tierkadaver legen. Beim Blütenbesuch erfolgt die Bestäubung. Da sich im gewaltigen Hochblatttrichter zeitweilig auch Regenwasser sammelt und Elefanten erwiesenermaßen daraus trinken, ist es nicht nur theoretisch möglich, dass die Bestäubung der Titanenwurz ab und zu sogar durch die Dickhäuter erfolgt.

Der geilste BOCK

„Der Bock ist ein geiles Thier/allzeit fertig zum Stylen und Springen/und von solcher Geylheit und Uppigkeit schilet er über Ecke. Deßgleichen bezeuget Alianus, dass kein Thier sich so zeitlich der Geylheit und Uppigkeit gebrauche/als der Bock: Dann er sahe gleich am siebenden Tag nach seiner Geburt an aufzubocken/welches ihn ein frühzeitig Alter bringe und verursache: Wann er auf sieben Monat kommen/so mag er auß solcher Ursach zur Herd gelassen werden: Nach vier Jahren wird er für unnütz geachtet. Sie sollen nicht fett gemacht noch gemästet werden/dann davon werden sie zum Bespringen und zur Vermehrung träg und nachlässig: Deshalb/wann man sie zulassen will/so pflegt man sie zuvor außzuhungern und außzumagern ...“ – soweit Conrad Gesner in seinem Allgemeinen Thierbuch von 1669. Die Geilheit des Hausziegenbockes, das heißt dessen „Sprunglust“, hat der Züricher Zoologe vor über 330 Jahren schon gut beobachtet und treffend beschrieben. Diesbezügliche Aktivitäten noch sehr junger Böckchen sind, wie man heute weiß, „spielerische Übungen“, wie sie ähnlich auch bei Elefantenkindern zu beobachten sind. Dagegen trifft das Sprichwort vom „geilen Bock“ auf sexuell besonders aktive Männer der Art *Homo sapiens* nur unvollständig zu. „Du geilster Bock“ wäre hier treffender. Denn kein anderes Säugetier außer dem Menschen kann, zumindest theoretisch, „rund um die Uhr“, das heißt das ganze Jahr über, sexuell aktiv und erregbar sein. Dies wiederum hat weniger mit der Fortpflanzung, sondern mit der bindungsverstärkenden Wirkung menschlicher Sexualität zu tun. Heute kann man „geil“ auf etwas sein oder „Bock“ auf etwas haben, das mit Sexualität nichts zu tun hat. Das Gegenteil davon ist „Nullbock“, keine Lust auf irgendetwas – eine Metapher, die zum Markenzeichen einer ganzen Generation wurde und das Wörtchen „geil“ hoffähig machte.

Hautattacke: die heftigsten BRENNHAARE

Wer sich so richtig in die Nesseln setzt, fühlt sich entsprechend unangenehm berührt. Für die sprichwörtlich peinliche Eindringlichkeit der Brennnesseln sind ihre Brennhaare verantwortlich, die äußerst raffiniert konstruierte Gebilde darstellen. Sobald ihr sprödes Köpfchen nach Berührung wegbricht, dringt die verbleibende scharfkantige Haarspitze sofort in die Haut ein und entleert hier ihre biologisch hochwirksamen Zündstoffe auf ähnliche Weise, wie Schreibpapier die Tinte durch Kapillarkraft aus der Füllerfeder zieht. Von den beiden heimischen Arten ist die auf Ackerland vorkommende Kleine Brennnessel (*Urtica urens*) deutlich heftiger als die Große Brennnessel (*Urtica dioica*). Die gezielte Hautattacke beider Arten steht jedoch hinter der Wirksamkeit einiger ihrer Verwandten weit zurück: Tage- oder sogar wochenlangen starken Schmerz verursachen die kurzen, steifen Brennhaare der tropischen Brennpflanzen (*Laportea*-Arten) – sie gelten als die wirksamsten Akteure, da ihre Kampfstoffe im Vergleich zu den Brennnesseln höher dosiert und anders zusammengesetzt sind. Am bekanntesten ist die strauchförmige *Laportea moroides* aus dem nordöstlichen Australien. Die ebenfalls tropisch verbreiteten Arten *Laportea crenulata* und *L. decumana* können sogar vorübergehende Muskellähmungen auslösen.

Übrigens: Obwohl die Brennnesselgewächse nach ihren äußerst unangenehmen Effekten benannt sind, tragen die meisten Arten dieser umfangreichen Familie gar keine Brennhaare. Völlig harmlos ist beispielsweise das zu dieser Verwandtschaft gehörende Bubiköpfchen (*Soleirolia soleirolii*), eine beliebte Zierpflanze aus dem Mittelmeergebiet und den Kanarischen Inseln. In besonders wintermilden Gegenden Mitteleuropas ist es stellenweise sogar schon verwildert.

Kernig: die meisten CHROMOSOMEN

Chromosomen sind charakteristische, oft band- oder wurstförmige Bestandteile der Zelle, die man unter dem Mikroskop normalerweise nur bei der Teilung der Zellkerne sehen kann. Etwas vereinfacht könnte man sie als Umzugskartons der Gene bezeichnen. Ihre Anzahl ist innerhalb einer Art konstant und jeweils arttypisch. Der Mensch besitzt normalerweise 46 Chromosomen, die nächstverwandten Menschenaffen wie Schimpanse und Gorilla dagegen 48. Ein Pferd hat 64, eine Amsel 80, ein Goldfisch 94 und ein Karpfen 104. Bei den Pflanzen zeigen sich ebenfalls erhebliche Unterschiede in den Chromosomenzahlen, die wiederum nicht mit der Entwicklungshöhe der Arten zusammenhängen: Bei Küchen-Zwiebel, Klatsch-Mohn und Wald-Erdbeere sind es 14, beim Kultur-Weizen 14, 28 oder 42, beim Feld-Ahorn 46 und bei der Kartoffel 48. Die Weltrangliste wird angeführt von den Farnpflanzen – fast alle Arten weisen ziemlich große Zahlen von recht kleinen und daher fast kugelrunden Chromosomen auf: Der Wurmfarn hat 164, der Acker-Schachtelhalm 216 und bei der bei uns selten gewordenen Natternzunge sind es sogar 480.

Verkapptes Säugetier 1: die dicksten EIER

Kiwis legen im Verhältnis zu ihrer Körpergröße die dicksten Eier. Beim Streifenkiwi etwa ist ein Ei 13 × 8 cm groß und erreicht mit einem Gewicht von 500 g etwa 30 % des Körpergewichts des Weibchens. Nun legt ein Kiwi nicht nur ein einziges Ei, sondern deren bis zu drei. Die Körpertemperatur des Kiwis liegt mit etwa 38 °C deutlich unter der anderer Vögel (42 °C) und gleicht damit eher der eines Säugetiers. Daher hat man diesen seltsamen Laufvögeln in ihrem „haarigen“ Federkleid (vgl. S. 35) zu

Recht schon die Bezeichnung „Säugetiere ehrenhalber“ verliehen. Ironie des Schicksals: In vieler Hinsicht säugetierähnlich, waren die in drei Arten und mehreren Unterarten vorkommenden Kiwis den von den neuseeländischen Siedlern eingeführten Ratten, Katzen, Füchsen und Mardern von Anfang an wehrlos ausgeliefert. Heute gelten Kiwis allesamt als gefährdete Arten. Bereits die ersten Maoris, die Neuseeland erreichten, machten Jagd auf diese Laufvögel und bedienten sich dabei der pfeifenden Revierrufe der Kiwis, die ihnen Fleisch für den Kochtopf und Federn für ihre Umhänge lieferten. Kiwifedern kamen im 19. Jahrhundert sogar als Exportschlager für Europa in Mode. Sie fanden bei uns Verwendung als Besatz von Kleidern. Inzwischen werden die Kiwis von den „Kiwis“ als nationale Schätze wohl behütet. Während Kiwis höchstens als Staatsgeschenke noch ihre neuseeländische Heimat verlassen dürfen, sind Kiwis als Früchte, die erstmals 1959 von einer Handelsfirma unter diesem Namen erfolgreich vermarktet wurden, inzwischen in aller Munde. Sie haben ihren „haarigen“ Namensgebern in Sachen Bekanntheitsgrad damit wohl längst den Rang abgelaufen.

Eiersegen(-regen): die meisten EIER

Von allen Froschlurchen produziert die Riesenkröte (*Bufo marianus*) die meisten Eier: Pro Laich sind es 30.000–35.000 Eier, die schutzlos allen Witterungsbedingungen wie auch Fressfeinden ausgeliefert werden. Frei nach dem Motto „einige kommen schon durch“ ... Noch weitaus verschwenderischer in Sachen Eiersegen(„-regen“) ist der Mondfisch (*Mola mola*). Die Weibchen dieser in fast allen wärmeren Meeren vorkommenden Fischart entwickeln Millionen von Eiern, jedes mit einem Durchmesser von 1,3 mm. In einem 1,37 m langen Mondfisch-Weibchen fand man 300 Millionen Eier, wobei größere Individuen wahrscheinlich noch viel mehr produzieren können. Manchmal erscheint die Natur doch recht verschwenderisch.

Schwimmende Untertassen: die größten EINZELLER

Zu Recht stellt man sich unter einem Einzeller ein besonders kleines Lebewesen vor, beispielsweise die besonders winzigen Bakterien (vgl. S. 84) oder die kleinsten überhaupt mit Zellkern ausgestatteten Organismen (vgl. S. 8). Ebenso wie es bei den Reptilien Giganten in Gestalt der Riesendinosaurier (vgl. S. 80) gab, finden sich auch bei den Einzellern einige Verwandtschaften von wahrhaft ungewöhnlichen Zellabmessungen.

Bei den einzelligen Algen entwickeln die besonders hübschen Schirmchenalgen der Gattung *Acetabularia* fingerlange Riesenzellen. Eine *Acetabularia*-Zelle sieht ungefähr so aus wie ein grasgrünes Gänseblümchen und wird auch in etwa so groß. Bei *Acetabularia magna* misst der Stielabschnitt der Zelle bis zu 20 cm. Noch größere Einzeller stellen die Arten der Grünalgengattung *Caulerpa*. Allerdings enthalten diese bis über 1 m langen Riesenzellen immer mehrere Zellkerne.

Die Foraminiferen oder Kammerlinge sind eine besondere Klasse tierischer Einzeller, die nur im Meer verbreitet sind. Als Mikrofossilien sind sie bereits in kambrischen Schichtgesteinen enthalten. Ihr besonderes Kennzeichen ist das meist vielkammerige Gehäuse aus organischem Material, aus verkitteten Sandkörnern oder aus Kalk. Bei den meisten Kalkschalern sind die Gehäusewände der einzelnen Kammern von feinen Poren durchbrochen – eine Besonderheit, die der gesamten Verwandtschaftsgruppe den Namen eingetragen hat.

Im Erdaltertum waren unter anderem die Fusuliniden bemerkenswert häufig. Aus dem frühen Tertiär sind dagegen die Nummulitenkalke bekannt. Aus solchen „Münzsteinen" bestehen unter anderem viele Gesteinsblöcke der Pyramiden bei Gizeh. Unter den heute noch lebenden Arten sind *Gypsina plana* und *Cycloclypeus carpenteri* mit bis zu 13 cm Durchmesser etwa so groß wie eine konventionelle Untertasse. Die Gehäuse von *Neusina agassizi* aus dem Indischen Ozean erreichen sogar etwa 20 cm Durchmesser und sind damit die Rekordhalter schlechthin.

Die extremste Familie in Sachen ERNÄHRUNG: Bären

Während der Eisbär als ausgeprägtester Fleischfresser unter den Bären bevorzugt von Robben, aber auch von Walrossen, Beluga- und Narwalen sowie von Aas lebt und nur im Sommer mangels tierischer Beute mit Beeren, Gras und Seetang vorlieb nehmen muss, steht der Große Panda ganz auf Pflanzen. Bei einem Nahrungsanteil an Bambusstängeln, -sprossen und -blättern von 99% trägt er seinen Zweitnamen „Bambusbär" mehr als zu Recht. Nur äußerst selten nehmen Bambusbären auch Grasbüschel, Krokusse oder Weinreben, manchmal auch Aas von Takins und anderen Wildtieren oder Fische und Nagetiere zu sich. Im Schnitt besteht die Nahrung der meisten Bärenarten immerhin zu 75% aus pflanzlichen Anteilen. Ganz schöne Beerenliebhaber, diese Bären! Neben dem Bambusbär tanzt noch ein weiterer essensmäßig ganz schön aus der Reihe. Der in Indien und auf Sri Lanka heimische Lippenbär formt mit seinen Lippen und der langen, riemenförmigen Zunge eine Art Saugstutzen, um damit Termiten und Ameisen wie mit einem Staubsauger zwischen seinen auf Lücke stehenden Schneidezähnen einzusaugen.

F

Reißleine: die längste FASER

Die Natur hat die Landpflanzen mit einem geradezu fantastischen Mittel ausgestattet, um großartig in Form zu bleiben: Fasertechnik heißt die perfekte Lösung. Als stark beanspruchbare Konstruktionselemente sitzen besondere Fasern in Stängeln und Blättern und garantieren hier höchste Zugfestigkeit, obwohl sie auf dem Höhepunkt ihrer Karriere biologisch tot sind. Die bemerkenswert praktischen und nützlichen Eigenschaften von Pflanzenfasern hat der Mensch schon vor Jahrtausenden entdeckt und nutzt sie in zahlreichen Hightech-Textilien, vom knappsten Designer-Bikini bis zur unverwüstlichen Jeans.

Die botanische Faser, auch Einzel- oder Elementarfaser genannt, besteht aus einer lang gestreckten, dickwandigen, aber flexiblen Zelle mit spitz zulaufenden Enden. Diese Zellen sind die größten Bausteine einer Landpflanze und beim Hanf (*Cannabis sativa*) etwa 5 cm, bei der Brennnessel (*Urtica dioica*) bis zu 6 cm und bei der Ramiepflanze (*Boehmeria nivea*) bis zu 18 cm lang. Von der botanischen ist begrifflich und sachlich die technische Faser zu unterscheiden, die jeweils ein Bündel oder einen Strang miteinander verwachsener Einzelfasern darstellt und als verspinnbares Gut aus den Faserpflanzen gewonnen wird. Sie werden bei der Ramiepflanze bis zu etwa 2 m lang. Im Vergleich dazu stehen die technischen Faserlängen von bis zu 1 m Länge beim Flachs (*Linum usitatissimum*) und bis zu 2,2 m beim Hanf gar nicht schlecht da. Rekordlängen zeigt der Neuseeländische Blatthanf (*Phormium tenax*) mit technischen Fasern von über 3 m Länge.

Bei allen natürlichen Fasern, die aus Zellulose aufgebaut sind, beträgt die so genannte Reißlänge durchweg mehr als 40 km – erst bei einer solchen Länge reißt die Faser unter ihrem Eigengewicht ab. Kunstfasern erreichen nicht einmal ein Viertel dieses Wertes.

Verkapptes Säugetier 2: Die seltsamsten FEDERN trägt der Kiwi.

Auch Schnepfenstrauß genannt, ist er nicht nur Namensgeber für die gleichnamige, vitaminreiche Frucht, sondern steht für seine Heimat Neuseeland und vor allem die Neuseeländer. Letztere bezeichnen sich selbst gerne nach ihrem National- und Wappentier als „Kiwis". Weil den echten Kiwis ein Schwanz fehlt und ihre Flügel verkümmert sind, wirken sie wie watschelnde Eier mit Schnabel. Zu diesem Erscheinungsbild tragen auch die weit nach hinten verlagerten Beine bei. Der lange, gebogene Kiwischnabel wird von den flugunfähigen, nachtaktiven Tieren zum Schnüffeln und Sondieren von Nahrung auf und im Boden eingesetzt. Das sind Insekten, Beeren, Insektenlarven und Regenwürmer. Wenn der Schnabel nicht gerade zur Nahrungssuche im Einsatz ist, stützen sich Kiwis oft auf ihn wie auf einen Spazierstock, um damit im Stand das Gleichgewicht zu halten. Nicht nur in Sachen Riechvermögen ähneln Kiwis mehr Säugetieren als den meisten Vogelverwandten. An ihrer Schnabelbasis tragen sie auch Tastborsten, die an Schnurrbarthaare erinnern und deren Funktion haben, in Wirklichkeit aber modifizierte Federn sind. Letztere sind bei den Kiwis ohnehin ein Kapitel für sich. Bei typischen Vogelfedern halten Hunderte von Strahlen mit Häkchen und Krempen die Feder zu einer elastisch geschlossenen Fläche mit zwei Fahnen zusammen. Erst diese raffinierten Verriegelungs-Mechanismen ermöglichen den Vögeln das Fliegen und auch Schwimmen. Dagegen sieht die Körperbedeckung der Kiwis von weitem eher wie ein Haarkleid aus. Das rührt daher, dass Kiwifedern ein Nebenschaft fehlt. Daher ragt der Federschaft wie ein grobes Haar aus den Fahnen hervor, die strahlenlos und daher nicht geschlossen sind. Das „haarige" Federkleid dient den Tieren als Wetterschutz und vor allem als perfekte Tarnung.

F

Tokyoter Roulette: der giftigste FISCH

So mancher Liebhaber der fernöstlichen Küche bekommt glänzende Augen, wenn auf der Menükarte Fugu angekündigt wird: Das Fleisch der schuppenlosen Kugelfische wie *Fugu pardalis* oder *F. rubripes* gilt als ausgesprochene Delikatesse. Obwohl es eigentlich schmeckt wie Mondschein auf der Zunge, ruft es im Mund eine planmäßige leichte Vergiftung mit Prickeln und Brennen und nachfolgend mit leichtem Taubheitsgefühl hervor. War der Kugelfisch jedoch nicht ordnungsgemäß zubereitet, kann sich dieser Genuss durchaus zur Atemlähmung mit tödlichem Ausgang steigern. Daher nennt man den Besuch eines japanischen Fugu-Restaurants etwas sarkastisch auch „Tokyoter Roulette".

Der Grund für die beachtliche Giftigkeit der Kugel- oder Pufferfische sind Bakterien (verschiedene *Vibrio*- und *Pseudomonas*-Arten) auf und in deren schuppenloser Haut. Das Bakteriengift wandert aus der Haut in den Fischkörper und reichert sich dort vor allem in den inneren Organen an – allerdings ohne den Fisch im Geringsten zu schädigen. In seiner Wirkung ist es vergleichbar dem Saxitoxin bzw. Gonyautoxin der Muscheln (vgl. S. 87). Die für einen Menschen tödliche Gesamtdosis liegt ebenfalls bei etwa 1 mg – eine normale Fischportion reicht also für die Reise ins Jenseits. Die Vergiftung geht mit

Sprechstörungen, Schwierigkeiten beim Gehen, Muskelkrämpfen, Schluckbeschwerden und dramatischem Blutdruckabfall einher und endet dosisabhängig mit dem Tod durch Atemlähmung. Nach der wissenschaftlichen Familienbezeichnung Tetraodontidae für die giftigen Kugelfische bezeichnet man es als Tetrodotoxin (international abgekürzt TTX).

Ein großer Fisch, mal nicht an der Angel: der größte FISCH

Schon sein Name spielt auf die außergewöhnliche Dimension des größten Fisches der Welt an. Mit einer verbürgten Länge von gut 12 m schwimmt der Walhai durch die warmen und seichten Stellen des Pazifiks, Atlantiks und Indischen Ozeans. Im Gegensatz zu manch einem seiner auch für den Menschen nicht ganz ungefährlichen Artverwandten, ernährt sich *Rhinocon typus* trotz seiner gewaltigen Größe ausschließlich von Plankton, ist von Natur aus „freundlich" und erlaubt schon mal einem Taucher, sich auf ihm reitend oder an seinen Flossen haltend mitziehen zu lassen. Dabei ist der Riese mit dem breiten Maul durch seine mit weißen Tupfen und Streifen übersäte, schiefergraue oder graubraune Haihaut nicht nur extrem harmlos, sondern ausgesprochen hübsch. Die größten Kaltblüter der Erde sind besonders gut im Ningaloo Reef Marine Park vor der westaustralischen Küste zu beobachten. Dort befindet sich eines der wichtigsten Riffgürtel Australiens, das wegen seiner Küstennähe und seines Meereslebens einzigartig ist. Über 250 Korallenarten, mehr als 6.000 Weichtierarten und gut 500 Fischarten, darunter auch der Walhai als sanfter Riese des Meeres, kommen in diesem Garten Eden vor. Im März, wenn die Korallen gelaicht haben, kommen Walhaie in Scharen nach Ningaloo, um sich an der planktonischen Brühe zu sättigen. Die Filtrierer filtern kleine Organismen wie Krill, Ruderfüßer und Krabbenlarven aus dem Wasser. Walhaie haben außerdem bis zu 3.000 kleine Zähne, die verhindern sollen, dass größere Beutetiere wie Riffsepien, Quallen und kleine Fische wieder aus dem Maul entkommen. Menschliche Taucher brauchen sich davor nicht zu fürchten – höchstens vor einem (unbeabsichtigten) Schwanzschlag des Riesen, der mit gebrochenen Rippen enden kann. Um die mächtigen Tiere nicht unnötig zu stören, ist in Ningaloo Reef die Zahl der Taucher pro Walhai streng reglementiert. Auch müssen bei den Annäherungen an die Riesenfische Mindestabstände eingehalten, noch dürfen Sporttaucherausrüstungen oder Blitzgeräte benutzt werden. Wird es dem Walhai trotzdem zu bunt, ist er mit einem Schwanzschlag in die Tiefen des Meeres abgetaucht.

Der wichtigste **FISCH** für das Great Barrier Reef

Wie alle Korallenriffe der Welt leidet auch das Great Barrier Reef vor Australien an der zunehmenden Veralgung infolge der Meeresverschmutzungen. Nun haben Wissenschaftler unlängst herausgefunden, dass ein seltener Fisch die wuchernden Algen von kranken Korallenriffen rupft und so als einziger in der Lage ist, die Schäden wieder rückgängig zu machen. Rotsaumfledermausfisch heißt der im westlichen Pazifik heimische „Korallenreiniger“. In der Jugend schwarz und mit grellorangefarben gesäumten, an Fledermausflügel erinnernden riesigen Flossen ausgestattet, färben sich die bis zu 70 cm langen Fische im Laufe ihres Lebens dumpf-grau mit roten Flossensäumen um. Nachdem Meeresschildkröten und Seekühe als weitere wichtige Algenverzehrer nahezu ausgerottet sind, ist der Fledermausfisch möglicherweise als letzter größerer Pflanzenfresser noch in der

Lage, die bedrohten Korallenriffe zu „sanieren". Ihm kommt somit bei künftigen Konzepten zur Rettung dieser einmaligen Lebensgemeinschaften eine Schlüsselrolle zu. Dafür sollten wir ihm die Flossen küssen!

FLEDERTIERE:

Riesen und Zwerge Zwischen der größten und der kleinsten Fledermaus gibt es beachtliche Unterschiede. Zu der nach den Nagetieren artenreichsten Säugetierordnung der Fledertiere zählen immerhin über 900 Arten. Die größten Fledertiere gehören zu den Flughunden. Schon sein Name *Pteropus giganteus* spricht für seine außergewöhnliche Größe: Der Indische Flughund, auch Riesenflughund genannt, erreicht bei einer Körperlänge von 45 cm die stattliche Flügelspannweite von 1,7 m und bringt dabei bis zu 1,5 kg in die Luft. Der Subkontinent Indien und die Malediven sind Lebens- und Flugraum dieser für Fledermausverhältnisse riesigen Früchtefresser. Doch weitere Vertreter aus der gleichen Gattung stehen dem *giganteus* an Maßen und Gewichten in nichts nach, so der Indonesische Kalong (*Pteropus vampyrum*) oder der Samoa-Flughund (*Pteropus samoensis*). Dabei zeigt der Riese von Samoa auch noch ein für Fledertiere außergewöhnliches Verhalten: Im Gegensatz zu all seinen nachtaktiven Artverwandten verlässt er nicht erst zur Dämmerung seinen Schlafbaum, sondern fliegt sein Territorium tagsüber auf der Suche nach Früchte tragenden Bäumen ab.

Ganz am anderen Ende der Größenskala steht bei den Fledertieren die Hummel- oder Schweinsnasenfledermaus (*Craseonycteris thonglongyai*). Während der erste Trivialname auf ihre Winzigkeit anspielt, bezieht sich der zweite Name auf die rüsselartig verlängerte Nase des Tierchens, das mit einer Körperlänge von 2,9–3,3 cm und einem Gewicht von 1,2–3 g zugleich das kleinste Säugetier der Welt ist (s. S. 120). Wer so winzig bleibt, und zudem nur nächtens unterwegs ist, wird leicht übersehen. So auch im Falle der Hummelfledermaus, die erst 1973 von dem thailändischen Säugetierforscher Kitti Thonglongya in den Kalkhöhlen am weltberühmten Kwai-Fluss („Die Brücke am Kwai“, „River Kwai-Marsch“) entdeckt wurde. Sein Londoner Forscherkollege John E. Hill benannte nicht nur die Hummelfledermaus nach ihrem zwischenzeitlich verstorbenen Entdecker. Er musste auch feststellen, dass das Tierchen sich so stark von allen anderen Fledermausarten unterschied, dass man sie in eine eigene Gattung und eine neue Familie einreihen musste, die der Chrasionyteridae. Größenmäßig zwischen den Fledermausextremen finden sich weitere, interessante Rekordhalter, so etwa der Falsche Vampir (*Vampyrum spectrum*), eine Blattnase. Ursprünglich des Blutsaugens verdächtigt, lebt die mit 76–91 cm Flügelspannweite und einem Gewicht bis zu 190 g größte Neuweltfledermaus fleischfressend. Sie jagt und verzehrt andere Kleinsäuger wie Mäuse, aber auch kleinere Artverwandte.

Und schließlich müssen wir, um Winzlinge zu erleben, gar nicht weit verreisen. Unter uns lebt nämlich die Mückenfledermaus *Pipistrellus pygmaeus*. Mit einem Gewicht von maximal 6 g ist sie noch 1–2 g leichter als unsere Zwergfledermaus *P. pipistrellus*. Erst in den 1990er Jahren fiel es Fledermausforschern auf, dass uns neben der Zwergfledermaus noch eine zweite, bis dato unbekannte Mini-Art umflatterte. Wichtigste Unterscheidungsmerkmale der beiden „Zwerge“ sind: Während *P. pipistrellus* bei 45 kHz Endfrequenz echoortend unterwegs ist, tut das die Mückenfledermaus um 10 kHz höher bei 55 kHz. Und die erwachsenen „Mückenmännchen“ haben einen orangefarbenen Penis, während der bei den männlichen „Zwergen“ gräulich mit hellen Längsstreifen gefärbt ist. Damit wäre zumindest bei unseren Pipistrellen bewiesen, dass der „kleine Unterschied“ schon mal ein großes Unterscheidungsmerkmal sein kann.

Mit Kultur: der konsequenteste FLEISCHFRESSER

FLEISCHFRESSER unter allen hundeartigen Raubtieren (das sind die in 35 Arten weltweit vorkommenden Füchse, Schakale, Wölfe, Kojoten, Hyänen-, Wald- und Marderhund sowie Mähnenwolf und Dingo) ist der Afrikanische Wild- oder Hyänenhund. Hyänenhunde (*Lycaon pictus*) kommen nördlich der Sahara bis Südafrika vor.
Die individuell gefärbten Tiere bilden Rudel, in denen alle Rüden miteinander verwandt sind, ebenso alle Weibchen, diese jedoch nicht mit den Rüden. Während nämlich die Hälfte der Rüden in ihrem Geburtsrudel bleibt, verlassen alle Hündinnen im Alter von zweieinhalb Jahren ihr Geburtsrudel, um in ein anderes zu ziehen. Hyänenhunde fressen ausschließlich Fleisch. Sie stellen Tierarten von Kaninchengröße bis zur Größe von Zebras nach, die sie in Hetzjagden erbeuten. Heute leben in dem einstmals riesigen Verbreitungsgebiet nur noch weniger als 5.500 Hyänenhunde. Von Menschen verfolgt, von Autos überfahren, anfällig für Epidemien, insbesondere Tollwut, mit den Löwen als Nahrungskonkurrenten in einem schrumpfenden Lebensraum, wurden die Hetzjäger längst selbst zu Gejagten. „Most wanted“, zusammen mit dem Konterfei eines Hyänenhundes, steht auf vielen Handzetteln in afrikanischen Nationalparks. Nicht etwa, weil man den absoluten Fleischfressern noch weiter nach dem Leben trachtet, sondern weil Parkverwaltungen und Naturschützer jeden Hinweis zu aktuellen Aufenthaltsorten dieser rastlosen Jäger sammeln, um die letzten Wildhundrudel in

ihren riesigen Revieren von mehreren Hundert Quadratkilometern besser schützen zu können. Auch wenn uns ihre Jagdweise brutal vorkommt: Afrikanische Wildhunde sind hochsensible und -soziale Tiere, die ihre Freundschaft untereinander durch viele Verhaltensweisen ausdrücken und festigen und die allesamt äußerst fürsorglich bei der Versorgung des Nachwuchses mithelfen, der wie bei den Wölfen ausschließlich vom Alpha-Paar des Rudels stammt. Sie entwickeln nicht nur bei der Auswahl bestimmter Beutetiere Jagdtraditionen über Generationen hinweg, sondern geben auch ihr Wissen um wichtige Ressourcen in ihrem „Wildhund-Königreich" (Revier) wie Wasserstellen, Beutetierkonzentrationen und Reviergrenzen als Tradition an die nächste Generation weiter. Damit reichen Hyänenhunde nicht nur ihr genetisches, sondern auch ihr „kulturelles" Erbe an die Nachkommen weiter – eine Fähigkeit, die bisher uns Menschen exklusiv zugeschrieben wurde und die uns von den Tieren unterscheiden sollte. Wir müssen begreifen, dass wir unseren Mitgeschöpfen in vielem näher stehen, als manchen von uns lieb ist. Eine Erkenntnis, die uns weniger Angst machen, sondern viel mehr stärken sollte in unserem Bemühen, die Wildgeschöpfe zu erhalten. Auch wenn es sich um die absolutesten Fleischfresser handelt.

Höher und höher: der höchste FLIEGER

Spätestens seit dem Erfolgsfilm „Nomaden der Lüfte" ist vielen Menschen bekannt, dass Streifengänse (*Anser ridicus*) alljährlich die höchsten Erhebungen des Himalajas auf dem Zug zwischen den Sommer- und Winterquartieren fliegend überqueren. Das sind immerhin satte 9.000 Höhenmeter. Der absolute Höhenrekord im Tierreich liegt dennoch deutlich über dieser sich jährlich wiederholenden Leistung.

Ihn stellte am 29. November 1973 ein Sperbergeier (*Gyps rueppellii*) über Abidjan an der afrikanischen Elfenbeinküste auf. In 11.277 m Höhe kam der Geier in das Triebwerk eines Verkehrsflugzeugs. Letzteres konnte nach Abschalten des schwer beschädigten Triebwerkes zwar noch sicher landen. Der Sperbergeier hatte dagegen nichts mehr von seinem Höhenrekord. Auch Singschwäne waren auf

ihrem Überwinterungsflug von Island nach Irland über den Äußeren Hebriden schon in 8.230 m Höhe unterwegs. Die meisten Zugvögel liegen allerdings mit ihren Reisehöhen von höchstens 1.500 m deutlich unter den nachgewiesenen Höhenrekorden. Nachdem Rekorde ja fair aufgestellt werden sollten, bleibt anzumerken, dass den Streifengänsen eigentlich der Höhenrekord zusteht: Sie erreichen diese Höhen nicht nur regelmäßig, sondern vor allem auch durch aktives, kraftaufwändiges Fliegen, während Geier als Thermiksegler vieles der aufsteigenden Wirkung der Luft überlassen, bevor ihnen die (Höhen-)Luft ausgeht.

Der schnellste FLIEGER

Wenn wir an schnelle Flieger denken, fallen uns sicher die Falken ein. Sie sind, allen voran der Wanderfalke *Falco peregrinus*, allerdings nur Rekordhalter im Sturzflug. Wenn sich ein Wanderfalke aus großer Höhe auf seine angepeilte Vogelbeute herabstürzt, kann er über 200 km/h, maximal sogar über 350 km/h erreichen. Schneller als

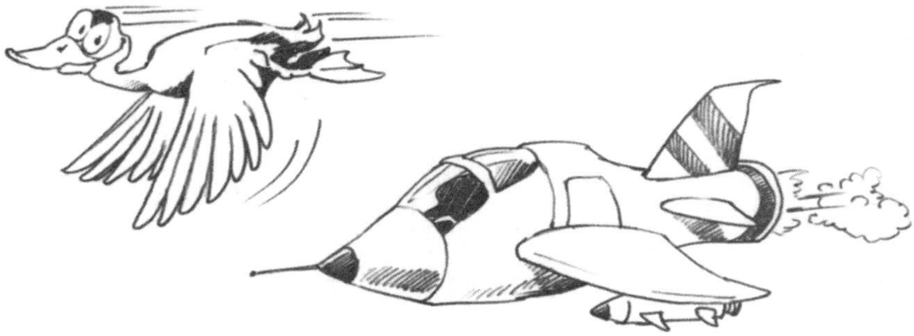

Falken im Geradeausflug bei gleichbleibender Flughöhe sind jedoch Vögel, denen man solche Spitzenwerte auf den ersten Blick gar nicht zutrauen würde. Einige Enten- und Gänsearten wie Mittelsäger, Eiderente oder Spornflügelgans sind so kräftige Flieger, dass sie ausnahmsweise sogar Fluggeschwindigkeiten von 90–100 km/h erreichen können.

Schwertransporter: der schwerste FLIEGER aller Zeiten

Das war kein Vogel, sondern ein Reptil – nämlich der vor 70 Millionen Jahren im heutigen Nordamerika sowie Senegal und Jordanien lebende Flugsaurier *Quetzalcoatlus northropi*. Bei einer Flügelspannweite von 11–12 m musste er ein Gewicht von 86–113 kg in die Luft gebracht haben. Der über die Pampas Südamerikas segelnde Neuweltgeier *Argentavis magnificus* erreichte bei einer Flügelspannweite von über 6 m, eventuell sogar bis zu 7,6 m, als größter flugfähiger Vogel aller Zeiten schon die Dimension eines kleinen Segelflugzeugs und mit ca. 80 kg das Gewicht eines ausgewachsenen Mannes. Damit liegt allein schon dieser Geier deutlich über dem theoretischen Grenzwert, den man für „Fluggeräte" mit Flatterflug-Eigenschaften rechnerisch für möglich hält.

Tierische Airforce No. 1:

Der längste FLUG wird regelmäßig von den Küstenseeschwalben (*Sterna paradisaea*) unternommen, wenn sie alljährlich von ihren Brutplätzen an den Küsten des Nordpolarmeeres bis ans andere Ende der Welt in die Antarktis unterwegs sind. 16.000 Reisekilometer würde die Strecke auf dem kürzesten Weg umfassen. Da die meisten Küstenseeschwalben jedoch nicht die direkte Route wählen, sondern den Küstenlinien folgen – schließlich ist nomen omen! – und dabei noch tägliche Futterflüge unternehmen, bewältigen viele Tiere mehr als 50.000 Flugkilometer jährlich. Noch viel längere Nonstop-Flüge unternehmen die Rußseeschwalbe (*Sterna fuscata*) sowie Arten der Seglerfamilie, zu der unser Mauersegler zählt. Jungvögel dieser Arten fliegen nach dem Verlassen ihrer Brutkolonien und Nester oft mehr als ein Jahr ohne Unterbrechung, bis sie als erwachsene Vögel an den Ausgangspunkt ihrer

Flugreise zurückkehren. Für unseren Mauersegler (*Apus apus*) wurde berechnet, dass er in den zwei Jahren vom Flüggewerden bis zum Zeitpunkt seiner ersten Landung am möglichen Brutplatz bis zu 500.000 Flugkilometer Nonstop zurückgelegt hat! Das gelingt nur durch eingelegte Segelstrecken und Kurzschlafphasen, in denen eine Hirnhälfte ruht, während die andere die Wachfunktion übernimmt – etwa so wie das Pilot und Copilot bei Langstreckenflügen tun. Verglichen mit *Apus apus* bleibt aber selbst Airforce No.1, das legendäre Flugzeug des amerikanischen Präsidenten, eine flügellahme Ente.

Den Weltrekord im Nonstop-FLUG

ohne partielle Schlafpausen in der Luft wie Mauersegler (s. S. 45) hält neuerdings eine Pfuhlschnepfe. Neuseeländische Wissenschaftler hatten 16 Tiere dieser mit der heimischen Uferschnepfe nahe verwandten Watvogelart mit kleinen Sendern ausgestattet, um deren Flugleistungen herauszufinden. Während einige der mit Sender ausgestatteten Vögel auf ihrem Flug von den neuseeländischen Winterquartieren in ihre Brutgebiete – die arktische Tundra – eine Rast auf Papua-Neuguinea, den südlichen Philippinen oder einer mikronesischen Insel einlegten, flogen vier Sendervögel ohne Pause bis China oder Korea. Rekordhalter war ein Tier, das neun Tage lang von Neuseeland bis ans nördliche Ende des Gelben Meeres fliegend unterwegs war und dabei mit 10.220 km den längsten, jemals aufgezeichneten Nonstop-Flug eines Vogels zurücklegte. Wahrscheinlich könnten Pfuhlschnepfen (*Limosa lapponica*) solche Flugleistungen häufiger erbringen. Dem entgegen steht das Schwarmverhalten der Tiere auf ihren Wanderungen. Wenn ein Vogel der in kleinen Schwärmen von 30 bis

70 Tieren ziehenden Pfuhlschnepfen irgendwo erschöpft zur Erde runter geht, fühlt sich wohl der ganze Schwarm zur Zwischenlandung gemüßigt.

Auch bei uns in Mitteleuropa sind Pfuhlschnepfen an der Küste häufige Durchzügler und Wintergäste, vor allem an der Nordsee. Die Winterquartiere dieser Schnepfenvögel sind die Küsten Westeuropas sowie die afrikanische Atlantikküste. Auch hier ziehen sie Tag und Nacht und können dabei etliche tausend Kilometer Flugstrecke ohne Pause zurücklegen. Um Energie zu sparen, richten die Vögel ihre Flughöhe nach den jeweils günstigsten Windströmen aus. Woher weiß man das? Mithilfe von Zielfolgeradar lässt sich der Luftraum nicht nur militärisch überwachen, sondern gibt so auch manche Geheimnisse unserer gefiederten Langstreckenflieger preis.

Flatterhaft: mit schnellen FLÜGELschlägen

Wenn ein Graureiher oder ein Höckerschwan sich in die Luft erheben, kann man jeden einzelnen ihrer zwei bis drei Flügelschläge je Sekunde genau verfolgen. Bei Enten mit ihren fünf bis zehn Schlägen pro Sekunde ist die Schlagfolge dagegen schon schwerer aufzulösen, und bei schwirrenden Kolibris mit über 50 Flügelschlägen in der Sekunde kann nur noch ein zeitgedehnter Film die einzelne Flügelbewegung für unsere Augen darstellen. Noch viel schneller und häufig auch hörbar ist die Schlagfolge bei den Insekten. Hummeln sind mit ungefähr 200 Flügelschlägen je Sekunde unterwegs. Bei Stubenfliegen sind es ungefähr 330, bei den nervenden Stechmücken knapp 400 – und manche Zuckmücken bringen es sogar auf über 1.000 Flügelschläge in der Sekunde.

Langstreckenflieger: die weiteste **FLUGSTRECKE**, die bisher für eine europäische Fledermausart dokumentiert wurde, legte eine Rauhautfledermaus (*Pipistrellus nathusii*) zurück. Diese kleine Fledermaus wurde in Lettland markiert und später 1.905 km südlich in Kroatien wiedergefunden. Weitere Höchstleistungen wurden von der Zweifarbfledermaus (*Vespertilio discolor*) mit 1.787 km, dem Großen Abendsegler (*Nyctalus noctula*) mit 1.600 km und dem Kleinabendsegler (*Nyctalus leisleri*) mit 1.568 km aufgestellt. Die tatsächlich zurückgelegten Flugstrecken der nachtaktiven Tiere dürften dabei weit größer als die direkten Entfernungen zwischen den Markierungs- und Wiederfundorten sein, denn die Zugwege der wandernden Fledermäuse zwischen ihren Sommer- und Winterlebensräumen verlaufen sicher nicht geradlinig. Vielmehr folgen sie markanten Landschaftsstrukturen wie Flüssen, Tälern oder Waldrändern. Von bisher über 1 Million in Europa markierter Fledermäuse hat das Bonner Museum Koenig 7.366 Wiederfunde ausgewertet, die in größerer Entfernung zum Markierungsort gelangen. Die Ergebnisse zeigen, dass sich die 36 untersuchten europäischen Fledermausarten aufgrund ihres Wanderverhaltens in drei Gruppen einteilen lassen: stationäre Arten, die nicht weit wandern (etwa Langohren und Hufeisennasen), regionale Wanderer mit Entfernungen von 100–800 km (beispielsweise Mausohren) und Fernwanderer wie die Rauhaut-, Zweifarbfledermaus oder der Große und der Kleine Abendsegler, die zugvogelgleich alljährlich 1.500–2.000 km zwischen ihren Sommerquartieren und Überwinterungsplätzen, an denen sie Winterschlaf halten, hin- und herfliegen. Wie unsere fliegenden Kobolde der Nacht auf den Klimawandel reagieren werden, liegt noch ganz und gar im Dunkeln. In Amerika wandern Langnasen- und Freischwanzfledermäuse regelmäßig über 1.000 km.

Giftbetankung: der giftigste FROSCH

Das ist ein Pfeilgiftfrosch mit dem furchtbaren Namen *Phyllobates terribilis*, auf Deutsch Schrecklicher Pfeilgiftfrosch. Im Gegensatz zu Schlangen oder Skorpionen haben Frösche keinen giftigen Biss oder Stich. Sie geben ihre toxischen Substanzen über die Haut ab, warnen aber „freundlicherweise" ihre Fressfeinde mit grellen Farben, doch von ihnen als unbekömmliche, ja tödliche Mahlzeit abzusehen. Etwa 60 Arten von Farbfröschen der Gattungen *Dendrobates* und *Phyllobates* produzieren die tödlichsten tierischen Gifte, die man kennt – aber die Hautabsonderung von *Phyllobates terribilis* übertrifft an Giftigkeit alles andere. Dieser grellgelbe bis orange, 3,5 cm lange Pfeilgiftfrosch wurde erst 1973 im westlichen Kolumbien entdeckt. Sein Gift ist eine Mischung aus Batrachotoxinen und Homobatrachotoxinen und um etwa 20-mal giftiger als das Gift jedes anderen Farbfrosches. Die Giftmenge von 0,0019 g, die jedes Exemplar mit sich trägt, könnte fast 1.000 Menschen töten. So geschützt hat terribilis, der Schreckliche, nur zwei echte Feinde: Schlangen der Art *Leimadopis epinephelus* und die Chocó-Indianer. Erstere scheinen gegen das Gift immun zu sein, zweitere hüten sich vor jeder Berührung mit dem Giftfrosch. Sie stellen ihm jedoch nach, um mit den im Frosch-Sekret getränkten Blasrohr-Pfeilspitzen selbst große Raubtiere sekundenschnell töten zu können. Das Toxin von *P. terribilis* ist so reichlich vorhanden und zudem so hoch wirksam, dass die Indianer nur die Spitze ihres Blasrohrpfeils über den Rücken eines lebenden Froschs streichen müssen, um den Pfeil zu einer absolut tödlichen Waffe zu machen.
Während man lange Zeit annahm, dass Farbfrösche ihr Gift selbst produzieren, deuten jüngste Forschungsergebnisse darauf hin, dass diese giftigen Amphibien (Lurche) einen beträchtlichen Anteil des Giftes durch ihre Nahrung, etwa giftige Insekten, aufnehmen.

Schrumpfgermanen: der kleinste FROSCH

Der kleinste Frosch auf der ganzen Welt und gleichzeitig auch das kleinste Amphib ist der Kubanische Zwergfrosch (*Sminthillus limbatus*). Die Winzlinge dieser Art sind ausgewachsen von der Schnauzenspitze bis zum After gerade 0,85–1,2 cm lang, besser kurz. Allerdings wird dieser Rekord hart von mehreren Froscharten der Gattung *Elentherodactylus* sowie dem kleinsten Mitglied der Froschfamilie Microhyllidae aus Brasilien bedrängt. All diese Zwergfrösche haben eine durchschnittliche Körperlänge knapp unter 1 cm. Dagegen ist die kleinste Kröte der Welt, die in Afrika beheimatete *Bufo taltanus beiranus*, mit maximal 3 cm Körperlänge schon fast wieder riesig. Dass Kaulquappen bei verzögerter Entwicklung zu fast doppelt so großen „Riesenlarven“ heranwachsen können, wissen wir von einheimischen Froschlurchen. Außergewöhnlich ist dagegen das Verhältnis von erwachsenem Frosch zu jugendlicher Kaulquappe beim südamerikanischen Harlekinfrosch (*Pseudis paradoxus*). Im Amazonasgebiet und auf der Insel Trinidad geschieht regelmäßig ein „Schrumpfprozess“, wenn sich die Harlekinfrosch-Kaulquappen von durchschnittlich 16,8 cm Größe (maximal 25 cm) in einen winzigen Frosch von 5,6–6,5 cm verwandeln. Dabei müssen alle lebenswichtigen Organe, einschließlich des Herzens, so gewaltig schrumpfen, dass man lange Zeit Larve und Frosch für zwei verschiedene Arten hielt. Bis heute kennt man nicht den Grund für diese Größenveränderung ins Negative. Oft ist halt das richtige Leben in der Natur – wie hier – den Fantasien von Filmregisseuren weit voraus, denn das Schrumpfen der Harlekinfrösche war sicher nicht Vorbild für den Film „Liebling, jetzt haben wir uns geschrumpft“. Zwergfrösche geizen nicht nur mit ihrer Größe. Die Zwerge haben im Allgemeinen auch weniger Finger als das sonst bei Fröschen üblich ist.

Kalorienbömbchen: die fetteste FRUCHT

Samen und Früchte sind energiereich – nur darum können sie Tier und Mensch als Nahrung dienen. Während die Energiedepots in den Samen pflanzenseitig eher als Starthilfe für die Keimlinge angelegt sind, ist das angenehm schmeckende Fruchtfleisch für die Konsumenten sozusagen Verführung pur – sie sollen die unverdaulichen Samen nach Magen-Darm-Passage möglichst weit ausbreiten. Den Energievorrat der Früchte machen zu einem großen Teil Kohlenhydrate aus, in einigen Fällen aber auch Fette bzw. Öle. Besonders hochkalorienhaltige Pflanzenteile nutzt der Mensch schon seit langem als Lieferant für Speisefette (Salatöl, Margarine) oder für technische Zwecke.

Die fettesten Früchte sind nach der Avocado (mit ungefähr 30 % Fettgehalt im frischen Fruchtfleisch) und der Olive (mit bis zu 50 %) die Früchte der afrikanischen Ölpalme (*Elaeis guinensis*) mit einem Fettanteil von rund 70 %. Das daraus gewonnene Palmöl geht fast ausschließlich in die Margarineproduktion. Die fettesten Samen sind nicht die Erdnüsse (*Arachis hypogaea*, Anteil etwa 50 %) oder die Kakaobohnen (*Theobroma cacao*, Anteil bis 58 %), deren Kalorien als Partysnack oder Schokolade relativ zuverlässig auf den Hüften landen, sondern die Samen aus den Kapselfrüchten des Oiticiabaumes (*Licania rigida*) aus Brasilien mit bis zu 83 %. Das Öl wird vor allem für technische Zwecke gewonnen.

Fette gelten als ideale (aber nicht immer erwünschte) Energiespeicher. Ein Durchschnittsmensch von 70 kg Körpergewicht speichert etwa 400.000 kJ Energiereserven als Fette, 100.000 kJ als Protein, aber nur 2.500 kJ als Kohlenhydrate. Würde er seine Energiereserven ausschließlich in Form von Kohlenhydraten speichern, wäre er rund 55 kg schwerer – logisch, dass in der Evolution die Fette als Energiespeicher bevorzugt wurden.

F

Superschlank und schlangenlang: die längste FRUCHT

Im heimischen Frucht- und Gemüsehandel versteht man unter einer Schlangengurke fast immer eine Salatgurke, die dunkelgrüne Beerenfrucht der üblichen Gurkenart *Cucumis sativus,* meist um 40 cm lang und mit EU-genormtem Krümmungsradius. In Mitteleuropa wird sie meist in Gewächshäusern, seltener auch direkt im Freiland oder im Garten gezogen. In Ost- und Südostasien ist eine Schlangengurke dagegen botanisch eine völlig andere Art, nämlich ein Exemplar von *Trichosanthes cucumerina.* Sie gehört jedoch der gleichen Pflanzenfamilie an wie die üblichen Gartengurken. Um Verwechslungen auszuschließen, bürgert sich in Fachkreisen zunehmend der Name Schlangenhaargurke ein – obwohl Schlangen überhaupt keine Haare haben.

Die Blütenkronen dieser Gurkenart sind reinweiß und am Rand auffällig lang bewimpert. Geradezu spektakulär ist aber die Gurke der Schlangenhaargurke: Auch sie stellt eine Beerenfrucht dar, wächst hängend mit vielen schlangenartigen Windungen und Verbiegungen und hat auch genau die passenden Maße: Bei etwa 4–10 cm Dicke wird sie bis über 2 m lang. Damit sie noch ein wenig länger als normal wird, beschwert man das Ende der wachsenden Frucht zusätzlich mit Steinen. Reif trägt die Frucht einen feinen wachsigen Belag und erscheint daher grünlich weiß. Außer in ihrer asiatischen Heimat wird sie heute auch in Afrika oft als Gemüse angebaut. In Europa ist sie wegen der ungewöhnlichen Früchte fast nur in Botanischen Gärten zu sehen. Zunehmend findet man sie in den Großstädten, aber auch im Fachhandel als Importware vor allem aus Indien – meist allerdings in Stücke von üblicher Gurkenlänge geschnitten, da sie sonst einfach zu unhandlich sind. Das Fruchtfleisch schmeckt angenehm süßlich.

Echt ätzend: die sauerste FRUCHT

Wenn man herzhaft in eine frische Zitrone beißt, schwindet der Glanz aus den Augen. Der Grund sind die im Fruchtfleisch in Mengen gespeicherten Fruchtsäuren (vor allem Apfel- und Zitronensäure, ein wenig aber auch die Ascorbinsäure, = Vitamin C), die den pH-Wert in den Keller treiben. Dieses Geschmacksereignis wäre steigerungsfähig: Die Antillenkirsche (*Malpighia glabra*) ist ein immergrüner kleiner Baum oder Strauch mit abstehenden, stark verzweigten Ästen und behaarten Zweigen. Ihre Steinfrucht ist kirschartig, etwa 1 cm groß, etwas länglich mit feiner Spitze, angedeutet dreilappig und schmeckt durch ihren hohen Zitronensäuregehalt wirklich extrem sauer. Der Ursprung der Art liegt in Mittelamerika und auf den Antillen. Sie wird aber heute auch in Südostasien, in den USA (Hawaii) und in Südamerika vor allem wegen ihres beachtlichen Vitaminreichtums kultiviert. Die Früchte werden roh wegen ihres außerordentlich sauren Geschmacks kaum verzehrt. Man erntet sie daher überwiegend zur Saftgewinnung, mit dem man andere Fruchtsaftmischungen aromatisiert und vitaminisiert.

Antillenkirschen enthalten außerdem bis zu 200-mal so viel Vitamin C wie ein Apfel, nämlich rund 4.000 mg in 100 g essbarem Anteil und weisen damit den höchsten Vitamingehalt aller bekannten Obst- und Gemüsearten auf. Da Vitamin C eine Säure darstellt, wie ihr anderer Name Ascorbinsäure betont, verwundert der saure Geschmack einen Naturstoffchemiker nur wenig. Übrigens: Müsste man diese wichtige Substanz heute neu benennen, würde man sie sicher nicht mehr als Vitamin bezeichnen. Im Unterschied zu den „echten“ Vitaminen A, B, D oder E wirkt sie im Stoffwechsel des menschlichen Körpers als so genannter Radikalenfänger und als Oxidationsschutzstoff.

F

Köstliche Stinkbombe: die übelriechendste FRUCHT

In den Regenwäldern Südostasiens, vor allem in Malaysia, Indonesien und Sri Lanka, wächst der Durian oder Zibetbaum (*Durio zibethinus*), ein immergrüner, dicht belaubter Baum mit breiter Krone und bis zu 30 m Höhe. Seine grünliche, stachelspitzige Kapselfrucht wird etwa kopfgroß und bis zu 3 kg schwer. Sie enthält zahlreiche ungefähr kastaniengroße Samen, die jeweils von einem cremeweißen, weichen Samenmantel eingehüllt sind. Diese Samenmäntel stellen das essbare Obst dar. Man verwendet sie roh als Frischobst oder gezuckert als Dessert. In der Wertschätzung der Frucht gehen die Meinungen weit auseinander, denn es besteht ein arges Missverhältnis zwischen Geruch und Geschmack: Die durchdringende Duftnote der reifen Frucht entspricht einer Mischung aus einer heftig durchfeuchteten alten Socke und faulen Eiern – der Verzehr ist daher in vielen Hotels ebenso untersagt wie die Mitnahme im Flugzeug. Auch die Lagerung in geschlossenen Räumen ist nicht zu empfehlen. Das geschmackliche Aroma stellt sich völlig anders dar und wird als kräftige Vanille-Mandel-Himbeer-Karamel-Sherry-Note beschrieben. In Südostasien gehört die Durianfrucht tatsächlich zu dem am meisten geschätzten Obst. Gebietsweise hat man sogar das Aufsammeln der Früchte unter wild wachsenden Bäumen gesetzlich geregelt, um Prügeleien unter den Fruchtliebhabern auszuschließen.

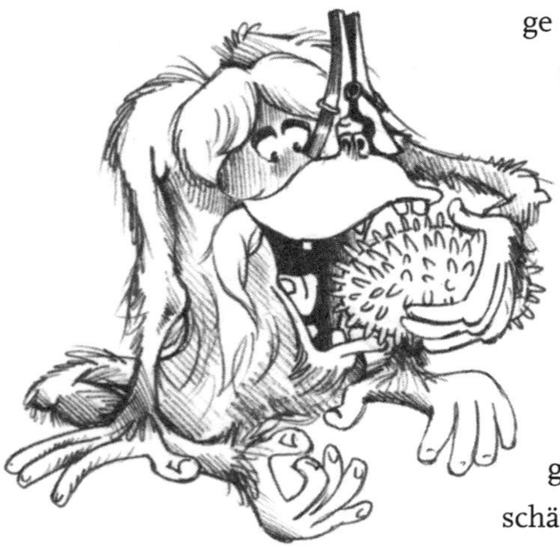

Grenzwertig: das süßeste FRÜCHTCHEN

Unter einem süßen Früchtchen versteht man zwar subjektiv ein anregendes Appetithäppchen zum Anbeißen, aber objektiv nicht unbedingt ein zuckeriges Obst. Da sich Süßes im Unterschied zur Säure nur relativ schlecht in Zahlen fassen lässt, wählt man meist den Umweg über den tatsächlich messbaren Zuckergehalt in Prozent. In diesem Maßsystem führen die Früchte der Dattelpalme (*Phoenix dactylifera*) die Rekordliste mit Abstand an. Erntereif weisen sie einen Zuckergehalt von 50% auf – sie konservieren sich gleichsam von selbst und sind somit lange Zeit lagerungsfähig. Marktübliche, noch ein wenig nachgetrocknete Datteln enthalten sogar bis zu 80% Zucker. Selbst in einer „zuckersüßen" Erdbeere sind es höchstens 6%. Er besteht aus gleichen Teilen Traubenzucker (Glucose) und Fruchtzucker (Fructose).

Gehirn statt Sperma: das schwerste GEHIRN

Der Pottwal besitzt mit durchschnittlich 7,8 kg, maximal sogar 9,2 kg, unter allen Lebewesen das schwerste Gehirn. In Relation zum Körpergewicht des riesigen Tieres ist es mit nur 0,02% dennoch eher leicht. Dagegen tragen wir Menschen mit durchschnittlich 1,4 kg Gewicht viel mehr Hirn im Verhältnis zu unserem Körpergewicht mit uns herum. Doch das schwerste Gehirn ist nicht der einzige, von „Moby Dick" gehaltene Rekord. Pottwale, durch den Roman von Herman Melville wohl die berühmtesten aller großen Walarten, sind auch Rekordhalter im Tieftauchen. Durch exakte Sonarmessungen konnte man Tauchtiefen von 1.200 m nachweisen. In 1.140 m Tiefe fand man schon die Leichen von Pottwalen, die sich offensichtlich bei der Jagd nach ihrer Vorzugsbeute, riesigen Kraken, in Tiefseekabeln unentrinnbar verfangen hatten.

Ein „Scheinrekord“ bezieht sich dagegen auf ihren englischen Namen „sperm whale“. Im gewaltigen Pottwalkopf befindet sich eine ölige Flüssigkeit („Walrat“), die man irrtümlich für Sperma hielt. Heute weiß man, dass das den oberen Teil des Pottwalkopfes fast ganz füllende Walratorgan zur Steuerung des Auftriebs beim Tieftauchen dient. Die im Walratorgan liegenden Nasengänge und Luftsäcke werden wohl zu dessen Abkühlung und Erwärmung genutzt. Wenn der Pottwal vom warmen Oberflächenwasser in kältere Schichten hinabtaucht, flutet er seine Nasengänge. Dabei wird der Walrat von der normalen Körpertemperatur von 33,5 Grad Celsius auf unter 29 Grad Celsius abgekühlt. Dabei verfestigt sich der Walrat, schrumpft und erhöht so die für den Abstieg sinnvolle Dichte des Walkopfes. Wenn der Wal beim Aufstieg das Meerwasser wieder ausbläst, steigert sich die Durchblutung, was zur Erwärmung und Verflüssigung des Walrats führt. Das jetzt leichtere Walrat erleichtert so dem Extremtaucher den Aufstieg. Ein Nachteil hat das Ausblasen dennoch: Der Blas verrät den Walfängern den Aufenthalt von Moby Dick und Co. schon von weitem.

Uraltes Kleinholz: Sträucher sind die ältesten GEHÖLZE

Obwohl Bäume wie die kalifornischen Mammutbäume (vgl. S. 15) oder die geradezu gigantische Montezuma-Sumpfzypresse (*Taxodium mucronatum*) zweifellos imposante Pflanzen sind und mit ihren beeindruckenden Abmessungen in jede Auflistung ungewöhnlicher Arten gehören, sind die Rekordhalter unter den ältesten Pflanzen keine wuchtigen Baumriesen, sondern eigenartigerweise eher unspektakuläre Sträucher: Für ein Exemplar des Creosote-Strauches (*Larrea tridentata*) in der Mojave-Wüste nahe Palm Springs/Kalifornien ergab die Radiokarbondatierung (^{14}C-Methode) von Wurzelholz ein Alter von 11.700 Jahren. Eine in Pennsylvania wachsende Kolonie der zu den Heidekrautgewächsen gehörenden Strauchart *Gaylussacia brachycera* wird aufgrund ihrer Wachstumsraten sogar auf rund 13.000 Jahre geschätzt und wäre damit ein aktuell Überlebender der letzten Eiszeit.

Seit wenigen Jahren gibt es jedoch einen Rekordhalter, der das älteste noch voll vital existierende Lebewesen überhaupt darstellen dürfte: An einer unzugänglichen Stelle im Unterholz des Regenwaldes an der sturmgepeitschten Pazifikküste Tasmaniens entdeckte Deny King 1999 den Klon einer *Lomatia tasmanica* genannten und zur Familie der Proteagewächse gehörenden Strauchart, die eine Fläche von 1,2 km^2 einnimmt: Nur dieses eine aus etwa 500 Stämmchen bestehende Individuum ist bekannt. Aus verkohltem Holz der Art vom gleichen Wuchsort und fossilen Blättern, die mit den noch lebenden genetisch identisch sind, haben australische Forscher durch Radiokarbondatierung ein Alter von rund 43.000 Jahren bestimmt.

Die *Lomatia*-Pflanzen blühen zwar, fruchten aber nicht, weil sie einen dreifachen statt des normalen zweifachen Chromosomenbestandes aufweisen. Solche Abweichungen bringen immer Fruchtbarkeitsstörungen mit sich. *Lomatia tasmanica* vermehrt sich nur durch Wurzelsprosse und könnte also der sterile Bastard aus zwei nahe verwandten anderen *Lomatia*-Elternarten sein, von denen eine noch in Tasmanien vorkommt, die andere aber vermutlich ausgestorben ist.

Stangenwald: die größten GEWEIHE

Im Körperbau den Antilopen nicht unähnlich, unterscheiden sich die Hirsche von diesen und anderen Wiederkäuern durch ihr Geweih. Das sind Stangen, die sich bei den Männchen dieser Tierfamilie auf Knochenzapfen des Stirnbeins erheben. Das Geweihwachstum wird durch Hormone ausgelöst. Die Abnahme der Geschlechtshormone nach der Paarungszeit führt dazu, dass besondere Zellen an der Geweihbasis das Knochengewebe dort auflösen, die Geweihstangen sich lockern und schließlich abfallen. Bis auf das Chinesische Wasserreh tragen die Männchen aller anderen 37 Hirscharten periodisch eine solche Kopfzier, die mit ihrer Größe zunimmt. Einige Arten, vor allem in tropischen Lebensräumen, bilden nur Spieße oder Knöpfe anstelle von größeren Geweihen aus. Quasi als „Geweihersatz" tragen Wasserreh-Männchen lange obere Eckzähne als primitive Waffen, wie sie für die Hirsche zu Beginn ihrer Evolutionsgeschichte vor 30 Millionen Jahren typisch waren.
Der prächtige Kopfschmuck der männlichen Hirsche ist beileibe kein Ersatz für die Hauer im Sinne einer Kampfwaffe, sondern zeigt vor allem den Weibchen schon von weitem, wer die besten Gene in sich trägt. Denn nur wer gut im Futter steht, besonders groß und kräftig ist, kann sich den Luxus eines großen Geweihs leisten. Während die Hörner anderer Wiederkäuer überwiegend als Angriffs- und Verteidigungswaffen dienen, sind Hirschgeweihe vor allem Statussymbole ihrer Träger. Als Ausnahme tragen beim Rentier einzig unter den Echten Hirschen auch die Kühe Geweihe. Beim größten lebenden Hirsch, dem Elch, kann das Geweih 2 m breit und 30 kg schwer werden. In der Regel sind die Geweihe der bis zu einer Schulterhöhe von 2,3 m großen und bis zu 800 kg schweren Elchbullen zwar schwerer, aber kleiner als die des amerikanischen Wapiti, dessen Knochenstangen regelmäßig 1,5 m und mehr lang werden.

Alle heute lebenden Arten werden jedoch in punkto Geweihgröße vom ausgestorbenen Europäischen Riesenhirsch *Megaloceros giganteus* in den Schatten gestellt. Dessen Geweih wies eine Spannweite von 4 m auf und machte etwa ein Zehntel seines Körpergewichts aus. Bis vor 10.000 Jahren bevölkerte der Riesenhirsch unser europäisches Festland. Ein Männchen, das aus einem irischen Sumpf geborgen wurde, trug ein Geweih von 4,3 m Spannweite und einem Gewicht von 45 kg. Bei einer Schulterhöhe von 1,83 m und einem Körpergewicht um 500 kg wog dieser Luxus ganz schön schwer, im Endeffekt vielleicht zu schwer, um damit nur bei der Weiblichkeit Eindruck zu schinden. Übertriebene Statussymbole können leicht in den Ruin führen ...

Wer trägt die größten GEWICHTE?

Kein menschlicher Gewichtheber, selbst ein Weltrekordhalter, könnte ein Nashorn stemmen – weder im Stoßen (Weltrekord bei 242,5 kg), geschweige denn im Reißen (Weltrekord bei 198,5 kg). Wenn wir uns bei den starken Männern umsehen, fällt als stärkster Mann der Welt der Salzburger Franz Müllner auf. Dem gelang es anlässlich des „Vienna World Records Day", einen 1,8 t schweren Hubschrauber auf seinen Schultern landen zu lassen. Doch was menschlichen Ausnahme-Kraftmeiern nur ausnahms- und ansatzweise gelingt, schultern Ameisen regelmäßig. Während die superstarken Männer Gewichte vom gut 2-Fachen ihres Körpergewichts heben und bis zum gut 5-Fa-

chen des Eigengewichts auf ihren breiten Schultern halten können, packen Ameisen weit höhere Lasten. Schüler des Limburger Gymnasiums untersuchten im Rahmen von „Jugend forscht" das Transportverhalten an Baumaterialien und Beute von verschiedenen heimischen Waldameisenarten. Hier die Ergebnisse: Arbeiterinnen tragen locker und leicht Materialien bis zum 9,7-Fachen ihres Körpergewichtes frei mit ihren Mundwerkzeugen, ohne dass die Last den Boden berührt. An senkrechten Hindernissen ziehen sie sogar das 12,2-Fache ihres eigenen Körpergewichtes frei hoch. Sie schleppen das bis zu 18,5-Fache des Körpergewichtes, manche sogar Materialien, die fast 40-mal soviel wiegen wie sie selbst.
Wären Menschen so stark wie Ameisen, müsste ein trainierter, 100 kg schwerer Gewichtheber locker 10.000 kg tragen können, also drei Breitmaulnashörner á bis zu 3.600 kg auf einmal. Im Extrem müsste er sogar 40.000 kg schaffen, was 13 Breitmaulnashorn-Einheiten entspricht. In Gewichtsrelationen bedeutet das: Eine Ameise kann leicht selbst das schwerste Nashorn huckepack nehmen, die stärksten Männer der Welt sind dagegen arme Würstchen ...

Heimtücke pur: Wer hat das stärkste GIFT?

Von einer giftigen Substanz spricht man, wenn 200 mg/kg Körpergewicht tödlich wirken. Als „sehr giftig" stufen Fachleute einen Stoff ein, wenn bereits 25 mg/kg Körpergewicht für die Reise ohne Wiederkehr ausreichen. Für einige Naturstoffe reicht diese Klassifizierung eigentlich nicht aus, denn sie sind noch erheblich giftiger. Das Stäbchenbakterium *Clostridium botulinum* führt mit seinem gefährlichen Gift die Hitliste an: Für den Menschen sind nur etwa 35 ng oder 0,5 ng/kg Körpergewicht eine absolut tödliche Dosis. Die winzige Menge von 1 ng entspricht dabei 1 milliardstel Gramm. Das *botulinum*-Toxin (manchmal auch Botulinus-Gift genannt) ist rund 50.000-mal wirksamer als das stärkste synthetisch hergestellte Gift, das Tetrachlordibenzodioxin (TCDD). Diese Substanz erregte erstmals nach einem folgenschweren Unfall (am 1. Juli 1976) in einer Chemiefabrik im italienischen Seveso öffentliche Aufmerksamkeit. Das *botulinum*-Toxin ruft das Vergiftungsbild des Botulismus hervor, eine tödlich verlaufende Lähmung durch verdorbene Lebensmittel und insbesondere den Inhalt aufgebeulter Konservendosen. Unter der Bezeichnung „Botox" wird es neuerdings – natürlich in äußerst geringer Dosierung – zur Straffung der Gesichtshaut injiziert oder bei bestimmten Nervenerkrankungen eingesetzt.

Mit den *botulinum*-Bakterien nahe verwandt ist der Erreger des Wundstarrkrampfs, die Bakterienart *Clostridium tetani*. Das Tetanus-Toxin wirkt bei Säugetieren in einer Konzentration ab 2 ng/kg Körpergewicht tödlich. Warum gerade die Bakterien so enorm giftige Naturstoffe produzieren, ist immer noch ein ungeklärtes Problem, denn die betreffenden Substanzen sind für ihr eigenes Überleben eigentlich unwichtig.

Starkes Stück: der kräftigste HALM

Worüber soll man mehr staunen – über die ausgesprochen grazile Gestalt eines Grashalmes oder seine beachtliche Statik? Grashalme können bei vielen heimischen Wildgrasarten durchaus über 1 m hoch werden, sind an der Basis aber dennoch nur ungefähr 3 mm dick. Das so genannte Schlankheitsverhältnis (Durchmesser zu Höhe) liegt demnach im Bereich von etwa 1:400. In technische Dimensionen übersetzt bedeutet dies, dass Fernmeldetürme, Fabrikschornsteine oder ande-

re himmelstürmende Hochbauten bei 100 m Höhe an der Basis allenfalls 25 cm Durchmesser aufweisen dürften. Es ist also ein ziemlich starkes Stück, was uns ein Grashalm vorführt.
Das gleiche Leistungsprofil weisen Bambus-Rohre auf. Alle Bambusarten gehören zu den Süßgräsern. Ihre unverzweigten Achsen sind ebenfalls hohl und nur im Bereich der Knoten durch eine Querwand gekammert. Im Unterschied zu den krautigen Gräsern sind die Rohrwände stark verholzt und im Oberflächenbereich durch massive Kieselsäureeinlagerung zusätzlich verstärkt – kein Wunder, dass sich daran so manche Säge die Zähne ausbeißt. Da Bambus, anders als ein Baum, kein nachträgliches (sekundäres) Dickenwachstum aufweist, ist der hohle Stamm auch des höchsten Bambus im Prinzip ein holziger Halm, selbst bei mehr als 25 cm Durchmesser und bis 40 m Höhe. Diese Holzhalme sind bezogen auf ihre Reißfestigkeit von 40 kp/mm^2 erstaunlicherweise ebenso stabil wie Stahlrohre. In Hongkong oder Shanghai verwendet man sie daher selbst bei Hochhausneubauten als Gerüstmaterial. In China überspannte eine Bambus-Hängebrücke rund 1.000 Jahre lang den Min-Fluss, ehe sie im Jahre 1998 von einem Hochwasser weggerissen wurde.

Lebende Langhälse: der längste HALS

„Auf dass die Kinder lange Hälse bekommen“, braucht man Giraffen nicht zu wünschen. Denn deren hervorstechendes Merkmal ist ihr langer Hals, mit dem sie sich von Blättern und Zweigen ernähren können, die sich für alle anderen der zahlreichen pflanzenfressenden Savannenbewohner außerhalb jeder Reichweite befinden. Bei einer Gesamthöhe des Tieres von 4–5 m ist ein ausgewachsener Giraffenhals rund 2 m lang. Neben ihrer enormen Halslänge sind Giraffen auch die langbeinigsten Tiere der

Welt und somit insgesamt in punkto Körperhöhe die größten Landtiere. Ihre Größe, die typische Netzzeichnung sowie ihre außergewöhnlichen Körperproportionen machen Giraffen unverwechselbar. Der Giraffenhals wird gerne als Beispiel für eine durch natürliche Auslese erfolgte Anpassung genannt. Dass die Giraffenarten im Verlaufe ihrer Evolution in die „Höhe schossen" verschaffte ihnen vor allem in Zeiten von Nahrungsknappheit einen Vorteil gegenüber der Konkurrenz der kleineren Laubfresser. Größere Tiere verhungerten in solchen Zeiten seltener, so dass mehr von ihnen überleben und ihre „Langhals-Gene" weitergeben konnten. Im Aufbau lässt sich der Giraffenhals mit einem Baukran vergleichen: Die sieben stark verlängerten Nackenwirbel, ebenso viele wie bei allen anderen Säugetieren auch, sind durch Sehnen und Muskeln, ähnlich den Kran-Kabeln, mit einem Ansatzpunkt am Rückenhöcker verbunden. Dieses „Gerüst" birgt die „Röhren", durch die Luft von und zu den Lungen und Futter vom und zum Pansen gelangt. Bei Giraffen als größte lebende Wiederkäuer wird das zu wiederkäuende Futter aus dem Pansen als tennisballgroßer Klumpen hochgewürgt und nochmals durchgekaut. Bei der Halslänge ein nicht ganz leichtes Geschäft! Sowohl für die Atmung als auch für das Herz-Kreislaufsystem stellt der Rekordhals eine besondere Herausforderung dar. Weil die über 1,5 m lange Luftröhre etwa 3 Liter Luft enthält, ist sie zwischen Lungen und Nüstern mit einer Mischung aus frischer und verbrauchter Luft gefüllt. Diese Luftmenge muss zusätzlich zur Luft, die in die Lungen gelangt, hin und her bewegt werden. Deshalb muss eine Giraffe deutlich häufiger atmen als etwa wir „kurzhälsigen" Menschen. Während unsere Atemfrequenz in Ruhestellung etwa bei 12–15 Atemzügen pro Minute liegt, muss eine erwachsene Giraffe in der gleichen Zeit etwa 20-mal schnaufen. Um das Giraffenblut zum Hirn zu pumpen, ist sogar ein doppelt so hoher Pumpdruck notwendig, wie der bei einer Kuh.

Dabei regulieren spezielle Venenklappen im Hals der Tiere den Blutstau zum Gehirn, wenn sie ihren Hals zum Äsen in hohen Bäumen noch länger machen oder ihn zum Trinken zur Erde herabbeugen.
Neben der Steppengiraffe, die in Afrika südlich der Sahara im offenen Wald und bewaldeten Grasland in neun, nach ihrer Fellzeichnung zu unterscheidenden Unterarten vorkommt, lebt im dichten Regenwald des nördlichen und nordöstlichen Kongobeckens das Okapi, die geheimnisvolle Waldgiraffe. Wesentlich kurzhalsiger als ihre Steppenverwandten, teilen Okapis mit den „Langhälsen" ein Merkmal: Ihre fast 50 cm langen, sehr beweglichen Greifzungen, mit denen sie elegant Blätter abpflücken oder sich über die Augen streichen können, sind die längsten Zungenapparate aller Huftiere. Im Vergleich zur Körpergröße wird der Zungenrekord dennoch von jemandem anderen gehalten (s. S. 154).

Klopfzeichen: heftige HERZfrequenzen

Wenn nicht gerade ein aufregender Geschäftsablauf zu erledigen ist oder kein Besuch bei der attraktiven Kollegin im Nachbarbüro ansteht, hat der normale Büro-Softy eine Puls- bzw. Herzfrequenz von etwa 60 Schlägen in der Minute. Bei den (übrigen) Säugetieren sind die Werte völlig verschieden und meist deutlich höher. Ein Igel bringt es auf ungefähr 300 Schläge in der Minute (im Winterschlaf dagegen nur 16), ein Goldhamster auf etwa 500, eine Fledermaus sogar auf über 600. Die höchsten bisher ermittelten Werte zeigte eine – möglicherweise leicht aufgeregte – Waldspitzmaus mit 1.320 Herzschlägen in der Minute.
Erstaunlicherweise ist auch bei den meisten Vögeln im Vergleich zum Menschen geradezu Herzrasen festzustellen: Ein Bussard hat über 200 Herzschläge je Minute, eine Ente bis zu 350, ein Huhn bis

zu 375, ein Mauersegler gar 700 und ein Sperling bis zu 850 (und das auch noch bei überhohem Blutdruck, s. S. 22). Bei besonderer Anstrengung erhöht sich diese für sie völlig normale Schlagfrequenz, was ziemlich komplizierte Regelmechanismen voraussetzt.

Fast wie Luft: das leichteste HOLZ

Besonders leichte Nutzholzarten bezeichnet man im internationalen Fachhandel als Korkhölzer, was botanisch nicht ganz korrekt ist, weil der Flaschenkork (spezifisches Gewicht 0,15) ein Produkt der Rinde der Kork-Eiche (*Quercus suber*) und eigentlich kein Holz ist. Für die Anschauung ist es dennoch hilfreich: Das superleichte und bei Modellbauern seit Jahrzehnten beliebte Balsaholz stammt von der südamerikanischen Baumart *Ochroma pyramidale* und hat ein spezifisches Gewicht von nur 0,18. Leichter und weniger dicht als Flaschenkork ist das aus Afrika stammende Moreaholz aus der Familie Malvengewächse mit einer Dichte von nur 0,14.

Knallhart: das schwerste HOLZ

Holz ist ein wunderbarer Werkstoff, der in allen Kulturen und Epochen für alle möglichen Zwecke verwendet wurde. Auch die längst zurückliegenden Stein- und Metallzeiten waren insofern ebenso „Holzzeiten“ wie unsere Gegenwart, wo Holz vom Dachbalken bis zum Zahnstocher im Einsatz ist. Weltweit verwendet man das Holz von rund 15.000 verschiedenen Nutzholzarten.

Holz, das für die Statik angelegte und im funktionstüchtigen Zustand tote Dauergewebe von Sträuchern und Bäumen, weist natürlich artspezifische Unterschiede in der Härte und der Verarbeitbarkeit auf. Solche Eigenschaften hängen mit der Dicke und Dichte der Zellwände im Holzgewebe sowie mit ihrem Verholzungsgrad zusammen. Sie lassen sich zahlenmäßig recht einfach mit dem spezifischen Gewicht ausdrücken. Diese Zahl gibt an, wie viel mal schwerer ein bestimmtes Holz als ein gleich großes Volumen Wasser (spezifisches Gewicht = 1) ist.

Die meisten in Mitteleuropa heimischen oder forstlich kultivierten Nutzhölzer haben ein spezifisches Gewicht von deutlich unter 1: Bei der Fichte (*Picea abies*) beträgt es 0,45, bei der Wald-Kiefer (*Pinus sylvestris*) 0,49, bei der Winter-Linde (*Tilia cordata*) 0,52 und bei der Rot-Buche (*Fagus sylvatica*) 0,74. Alle diese Hölzer schwimmen daher auf dem Wasser. Manche außereuropäischen Baumarten entwickeln dagegen Holz, das im Wasser untergeht. Das spezifische Gewicht beträgt beim australischen Eisenholzbaum (*Metrosideros umbellata*) 1,04, beim indischen Ebenholzbaum (*Diospyros ebenum*) 1,1, beim südamerikanischen Pockholz (*Guajacum officinale*) 1,23 und beim Rekordhalter Kokosholz (*Cocos nucifera*) 1,4. Zum Vergleich: Die beiden leichtesten Metalle Kalium und Natrium haben ein spezifisches Gewicht von 0,86 bzw. 0,97.

Die größten HÖRNER: nicht aufgesetzt, sondern aufsitzend

Manch ein männlicher Vertreter unserer menschlichen Spezies läuft – (zunächst) von ihm unbemerkt – mit aufgesetzten Hörnern durch die Gegend. Während dies für ihren Träger höchste Schmach bedeuten, schließlich wurden sie ihm durch das Fremdgehen seiner Partnerin aufgesetzt, sind sie am Kopf der männlichen Rinder und Antilopen Waffe und ausgesprochene Zier. Hier darf der Wasserbüffel (*Bubalus arnee*) mit einer maximalen Spannweite der Hörner von 4,24 m, gemessen von Spitze zu Spitze über ihre Außenwölbung, alle anderen Arten, auch den größeren Gaur, hinter sich lassen. Bei den Hausrindern (*Bos taurus*) wird der Rekord übrigens von einem texanischen Longhorn-Ochsen mit einer Hörner-Spannweite von 3,2 m gehalten. Wer als Mann solche Hörner aufgesetzt bekäme, würde damit durch keine Tür mehr passen. Also ihr Frauen, habt Mitleid mit uns Männern!

Das einzige Tier, das seine HÖRNER abwirft

ist der Gabelbock. Einigermaßen naturkundlich gebildete Menschen wissen, dass Hirsche ihr Geweih jährlich nach der Fortpflanzungszeit abwerfen, um anschließend vor der Paarungszeit wieder ein neues zu schieben, während Antilopen und Rinder ihre Hörner – falls vorhanden – ein Leben lang mit sich herumtragen. Dennoch gibt es ein Horntier, das es den Hirschen gleichtut. In Aussehen und Verhalten den afrikanischen Gazellen nahestehend, wird der amerikanische Gabelbock aufgrund der Ergebnisse neuerer morphologischer und molekularer Untersuchungen zu Recht in eine eigene Familie gestellt. Die in vier Unterarten im offenen Gras- und Buschland, seltener auch in offenen Nadelwäldern, im Westen der USA, Kanadas und in Teilen Mexikos lebenden Wiederkäuer besitzen zwar ständig verbleibende Hörner. Deren Hornscheide wird hingegen jährlich gewechselt. Beide Geschlechter der Gabelböcke tragen schwarze Hörner. Wie Rinderhörner bestehen die Gabelbock-Hörner aus einem knochenartigen Kern, der von einem Keratinmantel umschlossen ist und – das ist einzigartig unter den Hornträgern – nach der Fortpflanzungsperiode abgeworfen wird. Mit ihren Horngabeln tragen die Gabelbock-Männchen – wie alle Hornträger – als territoriale Konkurrenten Kämpfe aus, die stark ritualisiert ablaufen.

Der dickste HUND

Einen „dicken Hund“ hat sich – mal ehrlich! – schon mancher von uns geleistet, nämlich dann, wenn uns ein Fehler unterlief, der anderen zum Nachteil gereichte. Wem der „dickste Hund“ gelang, ist sicher ebenso subjektiv wie kaum jemals nachprüfbar. Dennoch hat diese häufig gebrauchte Redensart tatsächlich etwas mit dicken Vierbeinern zu tun. Ihre Wurzeln sind wohl im Mittelalter zu suchen. Damals galt es als schwere Beleidigung, wenn man als Gabe einen verfetteten (= dicken) Hund hingeworfen bekam. Wer aber trägt diesen Titel zu Recht? Sich darum streiten könnten Bernhardiner und Altenglische Mastiffs, die beiden schwersten Hunderassen der Welt. Ausgewachsene Männchen bringen zwischen 77–91 kg auf die Waage. Den Rekord als dickster Hund hält ein Altenglischer Mastiff namens Zorba, der bei einer Schulterhöhe von 94 cm verbürgte 155,58 kg wog. Damit war er der schwerste (= dicks-

te) Hund aller Zeiten, nicht aber der größte. Den Titel verdient sich eine Deutsche, in England gehaltene Dogge. Bei einem „Gardemaß" von stolzen 1,05 m Schulterhöhe wog sie 108 kg. Die Deutsche Dogge ist ohnehin die größte Haushundrasse, bringt dabei aber nicht, die Doggenfreunde wird's freuen, die dicksten Hunde hervor.

Einer der ärmsten Hunde: der kleinste HUND

Während die Größenskala der Haushunde oben von den Deutschen Doggen angeführt wird, stehen am anderen Ende die Yorkshires. Der allerkleinste war ein Terrier dieser Rasse aus England. Das Leichtgewichtchen von 113 g hätte bei einer Schulterhöhe von 6,3 cm und einer Gesamtlänge von 9,5 cm nicht nur bequem in ein Doggenmaul, sondern fast noch in eine Zigarettenschachtel gepasst. Im zarten Alter von knapp zwei Jahren verstarb der kleinste – er war sicher auch ein „armer Hund".

Am längsten hungern: HUNGERkünstlerin Eisbär-Frau

Ausgesprochene Hungerkünstlerinnen sind die trächtigen Eisbär-Weibchen der kanadischen Hudson-Bay-Region. Wenn das Eis im Juni oder Juli schmilzt, sind sie zum Landgang gezwungen und bekommen oft erst wieder etwas zwischen ihre Zähne, wenn sie im nächsten März/April mit ihrem Nachwuchs aufs Eismeer zurückkehren. Bis dahin wandern die Damen Hunderte Kilometer landeinwärts über Eiswüsten, graben sich im Schnee Höhlen und gebären darin ihre ein bis zwei winzigen, zunächst noch blinden, tauben und kaum behaarten Jungen. Die wachsen, hochgepäppelt von der hungernden Mutter, von unter 1 kg Geburtsgewicht (400–900 g) auf ordentliche

10–12 kg heran. Wenn eine Eisbärin acht Monate lang ohne Nahrung überleben und dabei noch zwei Junge mit Milch versorgen kann, müssen ihre Fettreserven schon gewaltig, ihr Hunger nach der Rückkehr in die Jagdgründe sogar noch gewaltiger sein. Immerhin verliert sie während des Winterschlafes ein Drittel bis zur Hälfte ihres Körpergewichts.

Tierischer Riesenhubschrauber: Das größte INSEKT,

das je die Erde bevölkerte, war eine Libelle der Karbonzeit mit dem Namen *Meganeura monyi*. Bis zu 75 cm Flügelspannweite sind als fossile Abdrücke dieses riesigen Insekts überliefert, das vor etwa 300 Millionen Jahren wie seine noch heute lebenden, sehr viel kleineren Verwandten hubschrauberartig unterwegs war. Die erstaunliche Manövrierfähigkeit der Libellen rührt daher, dass die einzelnen Muskeln direkt an den Flügeln angreifen und so die beiden Vorder- und Hinterflügel jeweils unabhängig voneinander bewegt werden können. Doch selbst solche Flugkunst schützt nicht vor dem Gefressenwerden. Wo heute Baum- und Rotfußfalken zur Libellenflugzeit die „Teufelsnadeln“ oder „Augenstecher“ als Vorzugsbeute jagen, war die Riesenlibelle *Meganeura* in den längst vergangenen Epochen ein ebenso gefundenes Fressen für den einen oder anderen Saurier.

Riesenigel ohne Stacheln: der größte INSEKTENfresser

Das ist der in Südostasien heimische Große Haar- oder Rattenigel (*Echinosorex gymnurus*). Das rattenähnliche, recht hübsch schwarz gefärbte Tier mit weißem Kopf wird immerhin 26–46 cm lang, trägt einen

17–25 cm langen, nackten Schwanz und erreicht mit 1–2 kg Gewicht etwa das Kaliber eines Kaninchens. Obwohl Igel als Gestachelte und Haarigel unterschiedliche Habitate besiedeln und verschiedenen Lebensweisen frönen, stehen bei fast allen 23 Vertretern der Familie der Igelartigen (Erinaceidae) Käfer und Würmer auf dem Speiseplan sowie die allgemeine Vorliebe für Raupen, Würmer, Nacktschnecken, Grillen und Grashüpfer. Somit könnte man mit einer Speisekarte alle Igelartigen der ganzen Welt gleichermaßen glücklich machen.

Ein wahrer Herkules: der größte KÄFER

Um den Titel könnten sich theoretisch mehrere Arten streiten. In punkto Länge liegen zwei Herkuleskäferarten, die in Mittelamerika, dem nördlichen Südamerika und in der Karibik vorkommen, ganz vorne: *Dynastes hercules* und *D. neptunus*. Dabei haben die *D. hercules*-Männchen mit bis zu 19 cm Länge um ca. 1 cm „die Nase vorn" vor ihren Artverwandten. Mit dem Begriff „Nase vorn" wird die Besonderheit der Herkuleskäfer ganz gut umrissen, denn mehr als die Hälfte der Körperlängen dieser beiden Arten fällt auf deren Kopfzier in Form von zwei an Kopf und Vorderbrust sitzenden, sich gegenüberliegenden Hörnern. Ohne solche „wettbewerbsverzerrenden" Verlängerungen würde der Titel „größter Käfer" eher einem anderen aus der Amazonasregion zustehen, der immerhin 16 cm Länge erreicht und zu Recht den Namen Riesenbockkäfer (*Titanus giganteus*) trägt.

Nicht ganz so lang, dafür noch schwergewichtiger kommen Blatthornkäfer der Gattung *Goliathus* aus dem tropischen Afrika daher gekrabbelt. Die Männchen von *Goliathus goliathus*, auch *G. giganteus* benannt, erreichen Spitzengewichte von 70–100 g bei einer Gesamtlänge von 11 cm. Ihnen folgt unter den Schwergewichtlern bei den Insekten als Zweitplazierte eine Langflügelschrecke aus Neuseeland, *Deinacardia heteracantha*. Mit bis zu 70 g Gewicht, verteilt auf 8,5 cm Länge kann es „Wetapunga", wie sie von den Maori genannt wird, mit den dicksten Käfern aufnehmen.

Eindringliche Warnung: Der gefährlichste KAKTUS

Aus der Entfernung könnte man sie für winkende Teddybären oder andere seltsam verrenkte Kuscheltiere halten, aber aus der Nähe zeigt sich sofort, dass die so knutschig-fellig aussehenden Strauchkakteen ein ziemlich aggressives Äußeres aufweisen: Schon bei der leisesten Berührung lösen sich ihre dicht stehenden, 3–4 cm langen, unverschämt spitzen und mit zahlreichen kleinen Widerhaken bewehrten Dornen ab und durchdringen mit Leichtigkeit die Kleidung – und meist auch ziemlich erfolgreich die Haut, wo sie schlecht heilende Wunden und heftige Entzündungen hervorrufen. Weil die Dornen zudem noch leicht zerbrechen, durchwandern die Fragmente schmerzhaft die betroffenen Körperregionen, bis sie irgendwo wieder zum Vorschein kommen. Auch

die kurzen, runden Äste zerlegen sich sehr leicht, denn so vermehrt sich die Pflanze vegetativ. Die ersten Siedler gaben ihr daher den Namen „Jumping Cholla", weil sie den Eindruck hatten, dass der Kaktus sie beim Durchstreifen des Geländes regelrecht anspringt. Chollas, nach dem mexikanischen Wort für Strauchkakteen, kommen in den Halbwüsten der südwestlichen USA vor und sind Verwandte der aus dem Mittelmeerraum bekannten Opuntien oder Feigenkakteen. Der bis zu 4 m hohe Jumping Cholla trägt den botanischen Namen *Opuntia fulgida*, der sehr ähnlich aussehende Teddybear Cholla ist *Opuntia bigelovii*.

Skinheads auf der Fensterbank: der glatteste KAKTUS

Mit dem Begriff Kaktus verbindet man normalerweise eine ziemlich widerborstige, rundum mit superschlanken Spitzen bewehrte Pflanzengestalt, die man nicht einmal mit dicken Handschuhen schmerzfrei anfassen kann. Was sich so eindringlich gegen den Angreifer richtet, sind umgewandelte Blätter und deswegen Dornen. Stacheln kommen bei Kakteen nicht vor. Ausnahmsweise gibt es in dieser typenreichen Familie auch einige Arten mit stark verlichteter oder sogar fehlender Bedornung: Die aus gutem Grunde so genannten Weidenruten- oder Binsenkakteen der Gattung *Rhipsalis* sind völlig glatt und deswegen außergewöhnlich fingerfreundlich. Alle *Rhipsalis*-Arten leben epiphytisch im Geäst der Regenwaldbäume und entwickeln große, meist weiße Blüten, die nur von Fledermäusen bestäubt werden. Die auch als Zimmerpflanzen verbreitete *Rhipsalis baccifera* ist gleichzeitig die einzige Kakteenart, die von Natur aus außerhalb der Neuen Welt vorkommt. Die Art ist in Afrika und eigenartigerweise auch in Madagaskar sowie Sri Lanka verbreitet.

Riesenkandelaber: der größte KAKTUS

Niedlich sind sie anzusehen, auch wenn sie ziemlich unhandlich sind – die kleinen, kugeligen, warzigen, wolligen oder sonst wie versponnenen Kakteen im Hobbymarkt mit ihren auffälligen, kräftig gefärbten Blüten. Kaum vorstellbar, dass diese dornenbewehrte Verwandtschaft in der Natur auch mit richtigen Strauch- und Baumgestalten vertreten ist. Das imposanteste und größte Mitglied der Familie Kakteengewächse ist der Kandelaberkaktus oder Saguaro (*Carnegiea gigantea*). Er kommt in den Wüstengebieten (Sonora, Mojave) der südwestlichen USA und Nordmexikos vor und erreicht eine Höhe von bis zu 16 m. Im unteren Drittel sind die säuligen Stämme bis zu 1 m breit und verzweigen sich oben mit wenigen, mehr als armdicken Seitenästen. Bis über 200 Jahre kann ein solcher Baumkaktus alt werden. Für das Überleben in den trockenheißen (Halb-)Wüsten des südlichen Nordamerikas ist er bestens vorbereitet: In den Stämmen kann ein ausgewachsenes Exemplar etwa 3 m^3 Wasser speichern und damit niederschlagsarme Zeiten hervorragend überbrücken. Als Stammsukkulente weist der Saguaro nämlich ein bemerkenswert günstiges Volumen-Oberflächen-Verhältnis auf und kann mit der lebenswichtigen Ressource Wasser daher äußerst sparsam wirtschaften. Die charakteristische Kandelabergestalt ist das Nationalemblem des US-Bundesstaates Arizona, die prächtige weiße, aber nur eine Nacht lang aktive Blüte ist die „Arizona State Flower".

Rostiges Minikätzchen: Die kleinste wildlebende KATZENart

ist mit 35–48 cm Körperlänge, einer Schwanzlänge von 15–25 cm und einem Gewicht von 1,1 kg (Weibchen) bzw. 1,5–1,6 kg (Männchen) gegen den Sibirischen Tiger (s. S. 106) ein federgewichtiger Zwerg: Die Rostkatze

(*Prionailurus rubiginosus*), benannt nach ihrem rostroten, braun gefleckten und gestreiften Fell, lebt in Südindien und auf Sri Lanka. Dort jagen die „rostigen Kätzchen" im Buschland, im Wald, in der Nähe von Gewässern und von Siedlungen als leichtgewichtige, gewandte Kletterer nach Kleinsäugern, Vögeln und Insekten. Davon könnte ihr größter Verwandter niemals satt werden. Kaum größer, aber etwas schwerer wird die im südlichen Afrika beheimatete Schwarzfußkatze (*Felis nigripes*). Die Dritte im Bunde der kleinsten Kleinkatzen ist die Chilenische Waldkatze (*Felis guigna*), die bis zu 52 cm groß und 3 kg schwer werden kann.

Der gefährlichste **KONTAKTSTOFF** im Pflanzenreich

In botanischen Gärten dürfen sie nur hinter Gittern wachsen. In ihrer nordamerikanischen Heimat warnen zumindest in den stärker besuchten Nationalparks Bildtafeln vor der unvorsichtigen Berührung eines „Poison Ivy": Die beiden Sumach-Arten *Rhus radicans* und *Rhus toxicodendron* haben es wirklich in sich.

Gewiss: Hautfeindliche Pflanzen gibt es letztlich überall. Wer bei der Gartenarbeit an den Rosen hängen bleibt, sieht anschließend aus wie nach der Attacke eines wütenden Katers. Bei manchen Arten ist das Risiko für unsere feinfühlige Fassade jedoch nicht so offensichtlich wie beim vielspitzigen Stechginster (*Ulex europaeus*) oder vergleichbaren Dornsträuchern. Zu den völlig harmlos und unverdächtig erscheinenden Pflanzen gehören eben auch die beiden nordamerikanischen Gift-Sumache sowie einige weitere Arten der Gattung, die in Ostasien beheimatet sind. Sie enthalten in ihrem Milchsaft Stoffe, die als stärkste pflanzliche Kontaktallergene gelten: Bei empfindlichen Personen löst bereits das bloße Berühren von Pflanzenteilen

schwere Hautentzündungen aus. Erst recht kann es zu lebensbedrohlichen allergischen Schockreaktionen kommen, wenn man sich irgendwann einmal mit Kleinstmengen des Milchsaftes sensibilisiert hat. Die zu Recht gefürchteten Inhaltsstoffe heißen Urushiole. Sie liegen in den *Rhus*-Arten meist als Gemische ähnlicher Verbindungen vor.
Der in Parks und Gärten häufig gepflanzte Essigbaum (*Rhus typhina*) ist ein enger Verwandter der beschuldigten Gift-Sumache, aber zum Glück völlig harmlos. Manche anderen pflanzlichen Kontaktstoffe wirken eigenartigerweise vor allem in Verbindung mit Sonnenlicht: In solchen Fällen spricht man von Photosensibilisierung oder von Wiesen-Dermatitis.

Eigenbausteine: unsere größten und kleinsten KÖRPERzellen

Beim Hantieren mit dem Kugelschreiber passiert es leicht, dass man sich einen satten, ungefähr millimetergroßen Blaupunkt auf die Haut setzt. Mit dieser unplanmäßigen Minitätowierung sind dann ungefähr 1.000 Ihrer eigenen Zellen markiert, und zwar nur diejenigen aus der allerobersten Hautschicht. Darunter geht es natürlich fröhlich weiter, denn alle Teile unseres Körpers bestehen aus Zellen – mikroskopisch kleinen Gebilden, die man nur ausnahmsweise mit dem bloßen Auge erkennen kann. Schon allein unsere roten Blutzellen, die überaus zahlreich auch in den Blutgefäßen der tieferen Hautschichten unterwegs sind, könnte man als ausgesprochene Winzlinge bezeichnen – etwa 25.000 von ihnen füllen gerade mal eine Fläche von 1 mm^2 aus, und rund 5.000.000 davon sind in 1 mm^3 Blutflüssigkeit enthalten. Wesentlich größer sind auch die meisten Zellen des Hautbindegewebes, der Knochen oder anderer wichtiger

Bauteile nicht: Die meisten von ihnen weisen Durchmesser von 30–50 µm auf. Zu den kleinsten menschlichen Zellen gehören die männlichen Geschlechtszellen oder Spermien (etwas unzutreffend auch Samenzellen genannt) – der entscheidende Zellkopf, der das väterliche Erbgut transportiert, hat einen Durchmesser von ungefähr 3 µm. Das andere Ende der Größenskala menschlicher Körperzellen besetzt die weibliche Eizelle; sie ist knapp 0,12 mm lang und breit und fast schon mit bloßem Auge sichtbar. Das Volumenverhältnis Spermium – Eizelle klafft dagegen deutlich weiter auseinander und beträgt etwa 1 : 60.000. Die größten bzw. längsten Körperzellen sind die Nervenzellen, genauer deren als Axone bezeichneten Fortsätze. Sie können im Gehirn mehrere Zentimeter Länge aufweisen und im peripheren Nervensystem des Körpers mehrere Dezimeter.

Verkapptes Säugetier 3: Reviermarken aus KOT

Die säugetierähnliche Lebensweise des Kiwis (vgl. S. 30 und 35) führt auch zu merkwürdigen, unter den Vögeln eher außergewöhnlichen Verhaltensweisen. So markieren Kiwis ihre Reviergrenzen mit Kot. Ein eigentlich säugetiertypisches Verhalten, das man bei Vögeln sonst so gut wie nicht findet, aber dennoch Sinn macht: Kiwis haben nämlich, wiederum vogeluntypisch, gute „Nasen“. Ihre Nasenöffnungen liegen an der Spitze und nicht an der Basis des Schnabels wie bei den meisten anderen Vögeln. Auch legen Kiwis innerhalb ihres Reviers zahlreiche Baue an, die wechselweise genutzt werden und sowohl zum Schlafen wie auch als Bruthöhle dienen.

Wie aus einer verschollenen Zeit: das größte KROKODIL

Das Leistenkrokodil (*Crocodylus porosus*) ist nicht nur das größte Krokodil, sondern zugleich auch das größte Reptil der Welt. Mit ca. 3,2 m Länge sind die Männchen, mit ca. 2,2 m Länge die Weibchen dieser Art geschlechtsreif. Doch ab diesem Zeitpunkt wachsen Leistenkrokodile noch fast unaufhörlich weiter, um Maximallängen von 7 m und mehr zu erreichen. Somit brauchen Berichte von 9–10 m großen Leistenkrokodilen nicht unbedingt in den Bereich der Fabeln verwiesen werden. Von allen Krokodilen erreicht das Leistenkrokodil auch die weiteste Verbreitung. Es kommt in allen geeigneten Lebensräumen in den Regionen des tropischen Asiens und rund um den Pazifik vor, von den Inseln des Indischen Ozeans, den Küsten Indiens, auf Sri Lanka bis zum südostasiatischen Festland, den indonesischen Inseln, den Philippinen, auf Neu-Guinea und möglicherweise bis auf Fidschi. Weil es im offenen Ozean überlebensfähig ist, konnte dieses „Salzwasserkrokodil" viele abgelegene Inseln erreichen und besiedeln. In der heutigen Zeit können allerdings nur wenige Exemplare bis zu ihrer Maximalgröße heranwachsen, weil der Jagddruck auf Leistenkrokodile enorm ist. Rekordverdächtig ist ein Leistenkrokodil aus dem Segama-Fluss im Norden Borneos. Vom dortigen Volk der Seluke als heilig verehrt, sichtete Anfang des 20. Jahrhunderts ein Plantagenbesitzer das riesige Tier, als es sich auf einer Sandbank sonnte: Der Abdruck, den das Tier im Sand hinterließ, hatte eine Länge von stolzen 10,05 m.

Die kleinste LANDPFLANZE

Aller Anfang ist nicht nur schwer, sondern auch klein und verlustreich: Wenn sich ein zartes Keimpflänzchen aus einem vielleicht nur millimetergroßen Samenkorn wagt wie bei den Pappeln und Wei-

den, ist von der späteren Baumgestalt noch nichts zu ahnen. Eine der erstaunlichsten Leistungen der Lebewesen ist eben Entwicklung – eine äußerst komplexe Ereignisfolge, bei der am wachsenden Organismus ständig an-, ein- und umgebaut wird. Aber auch am Festland zeigt sich eine beachtliche Größenspanne zwischen den Größten und den Kleinsten. Während selbst die heimischen Baumarten mit den Rekorden der Mammutbäume nicht annähernd mithalten können, kommt in Mitteleuropa zumindest eine der kleinsten auf dem Festland lebenden und auch tatsächlich blühenden Pflanzen vor: Die ziemlich seltene und nur einjährige Art heißt bezeichnenderweise Kleinling (*Centunculus minimus*) und gehört zu den Primelgewächsen. Ausgewachsen ist sie meist nur 1–2 cm hoch. Da bei diesen Abmessungen auch die grünlichen Blüten nicht viel hergeben, weil sie von den Nektar oder Pollen suchenden Insekten im sonstigen Stängelgedränge schlicht übersehen werden, praktizieren sie sicherheitshalber gleich Selbstbestäubung. Der Kleinling ist eine Art feuchter, sandig-lehmiger oder toniger Ackerböden. Durch die Intensivierung der Landwirtschaft hat er in den letzten Jahrzehnten viele seiner ehemaligen Standorte eingebüßt.

Einfach riesig: das größte heute lebende **LANDTIER**

– das ist der Afrikanische Steppenelefant. Den Rekord hält ein Riesenbulle, der am 7. November 1974 von dem amerikanischen Großwildjäger E. M. Nielsen in der Nähe von Mucusso in Südangola erlegt wurde. Im liegenden, ausgestreckten Zustand hatte der Bulle eine Schulterhöhe von 4,17 m, was eine Stehhöhe von 3,97 m ergibt. Im gleichen Gebiet schoss der ungarische Großwildjäger J. J. Fenykoevi 1955 einen Bullen, der liegend eine Schulterhöhe von 4,07 m, stehend eine Endgröße von 3,81 m aufwies. Sein Gewicht schätzte man auf über 10 t, wobei die abgezogene Haut bereits 1,8 t wog. Heute kann man diesen Bullen als hervorragendes Präparat im National Museum in Washington D.C. bewundern. Ähnliche Höhen erreichen wohl die hochbeinigen Wüstenelefanten im Damaraland in Namibia. Auch einzelne asiatische Elefantenbullen können beachtliche Körpergrößen erreichen und sich damit in die oberen Ligen der Afrikanischen Steppenelefanten einreihen. Der vermutlich größte Asiatische Elefant, der je erlegt wurde, war ein 1871 von W. H. Varian auf Ceylon geschossener Bulle mit einer Schulterhöhe von 3,33 m bei einer Rückenhöhe von 3,53 m (bei den asiatischen Elefanten ist der Rücken der höchste Körperpunkt). An Maharadscha-Höfen gehaltene Bullen brachten es auf Rückenhöhen von über 3,3 m. Ein wahrer Riese, dazu noch mit gewaltigen Stoßzähnen, ist heute Colonel Joe, der sicher größte Zirkus-Elefantenbulle, und im Zirkus Krone zu bestaunen. Der gelehrige, über 40-jährige Dickhäuter steht mit einer Rückenhöhe um 3,3 m den früheren Riesen auf den Maharadscha-Höfen in nichts nach. An Wohlgenährtheit dürfte er diese Prunkelefanten allemal übertreffen. Gewaltige Ausmaße besaß auch der wohl bekannteste Elefant aller Zeiten, der afrikanische Elefantenbulle „Jumbo“. Im vorletzten Jahrhundert vom Zoo London an den amerikanischen Zirkuskönig Barnum verkauft, hatte der legendäre „Jumbo“ bis zu seinem frühen Tod durch Kollision mit

einem Zug eine Rückenhöhe von ca. 3,4 m erreicht. Heute noch ist sein Name Synonym für „riesig“, ob bei Flugzeugen oder besonders üppigen Schokoriegeln.

Schwerlaster auf vier Beinen: die größten LANDTIERE der Erde

Heute ist der Afrikanische Elefant (*Loxodonta africana*) das größte Landtier – zwar nicht das längste (vgl. Netzpython S. 124) und auch nicht das höchste (das ist die Giraffe), aber mit annähernd 5 t Gewicht mit Sicherheit das massigste. Mit seinen Körpermaßen bleibt er hinter den Rekordhaltern aus der Jura- und Kreidezeit jedoch weit zurück. Als der britische Anatom Richard Owen 1842 den Begriff Dinosaurier (= Schreckensechse) prägte, kannte man von diesen Tieren außer ein paar Zähnen nur einen halbwegs kompletten Unterkiefer. Erst Jahrzehnte später fanden sich – zunächst vor allem in Nordamerika – größere Skelettteile, die ein Bild von der beeindruckenden Titanengestalt der größten Reptilien gaben, die je auf der Erde unterwegs waren. Im Jahre 1877 fand man im Oberen Jura von Wyoming/USA die Reste von *Diplodocus longus*, der Donnerechse, der von der Nasen- bis zur Schwanzspitze 27 m lang war. Ein im Senckenbergmuseum in Frankfurt aufgestelltes Original ist rund 24 m lang. Eine deutsche Expedition grub 1907–1911 in der damaligen Kolonie Deutsch-Ostafrika (heute Tansania) die Reste des Riesendinosauriers *Brachiosaurus brancai* (= Armechse) aus, der rund 25 m lang und etwas über 12 m hoch war. Aus dem Knochenmaterial von sieben Individuen wurde ein vollständiges, 12 m hohes Skelett zusammengestellt, das im Museum für Naturkunde in Berlin zu sehen ist. In Chicago existiert ein weiteres Komplettexemplar, das man bei etwas veränderter Wirbelsäulenkrümmung mit einer Höhe von 12,2 m als größten Dinosaurier der Welt aufgebaut hat. Von einer 1985 in Colorado/USA gefundenen und *Supersaurus* (= Superechse) genannten Art sind bis jetzt außer einem 2 m langen Schulterblatt nur wenige Knochen bekannt – das vollständige Tier könnte damit 30 m lang, etwa 18 m hoch und rund 50 t schwer gewesen sein. Eine 1979 ebenfalls in Colorado/USA entdeckte und *Ultrasauros* (der Name *Ultrasaurus* war schon für eine wesentlich kleinere Form vergeben) genannte Knochenansammlung erwies sich als Mischung aus *Supersaurus*- und *Brachiosaurus*-Resten. Aus New Mexico im Süden der USA ist 1979 unvollständiges Skelettmaterial einer *Seismosaurus hallorum* (= Bebenechse) genannten Art ausgegraben worden, die man ursprünglich auf über 50 m Länge und bis zu 80 t Gewicht schätzte. Nach neueren Befunden war *Seismosaurus* jedoch ein *Diplodocus* und maß „nur“ knapp 34 m Länge. Ebenfalls unvollständig ist das 1993 in Südamerika geborgene kreidezeitliche Knochenmaterial von *Argentinosaurus*, der bei bis zu 100 t Gewicht 16 m hoch und 42 m lang gewesen sein könnte. Da von den jüngeren Funden kein komplettes Skelett vorliegt und die tatsächlichen Abmessungen nur hochzurechnen sind, bleibt der Berliner *Brachiosaurus* vorerst der Rekordhalter unter den Landwirbeltieren.

Verinselt: der seltenste LAUBBAUM

Endemiten nennt man Arten, die nur in einem kleinen Verbreitungsgebiet vorkommen. Kontinentferne Inseln weisen naturgemäß den höchsten Anteil endemischer Pflanzen- und Tierarten auf – fast alle diese Arten sind im Bestand gefährdet oder sogar hochgradig bedroht. Dazu gehört auch der auf der Osterinsel beheimatete Toromiro (*Sophora toromiro*), ein kleiner Baum bis etwa 5 m Wuchshöhe mit kräftig gelben Schmetterlingsblüten.

Seine erste Beschreibung gab Georg Forster, der James Cook auf dessen zweiter Südseereise (1772–1775) begleitete. Nachdem man jedoch die schon weitgehend entwaldete Osterinsel als Weidegebiet für die von den Europäern im 19. Jahrhundert eingeführten Haustiere nutzte, war der Niedergang der ursprünglichen Vegetation praktisch besiegelt. Der Forschungsreisende Thor Heyerdahl brachte von seiner Osterinsel-Expedition (1955–1956) einige Samen des vermutlich letzten Toromiro-Exemplares mit nach Göteborg, wo man im Botanischen Garten einige Sämlinge aufzog. Ein Mitte der 1990er Jahre in der Gehölzsammlung des Botanischen Gartens Bonn entdecktes und vermutlich aus Göteborg stammendes Toromiro-Exemplar gab Anlass, eine Wiedereinführung dieser endemischen Baumart auf die Osterinsel anzugehen. Die dazu angezogenen 200 Sämlinge haben jedoch die behördlich verordnete 2-jährige Quarantäne nicht überstanden, so dass das Wiederansiedlungsprojekt vorerst gescheitert ist.

Rekordsprinter: der schnellste LÄUFER

Unter allen Landtieren ist das auf kurzen Strecken zweifellos der Gepard. Bei Distanzen bis zu 500 m kann er eine Höchstgeschwindigkeit von über 95 km/h erreichen. Dabei vermag er in nur 3 Sekunden von 0 auf enorme 90 km/h zu beschleunigen. Geparde sind ganz auf Geschwindigkeit getrimmt. Mit ihrem hochbeinigen, schlanken Körperbau, dem tief liegenden Brustkorb und dem kleinen Kopf unterscheiden sie sich leicht von allen anderen Katzenverwandten. Die Hauptbeute der in den Savannen und Trockenwäldern Afrikas lebenden Afrikanischen Geparde (*Acinonyx j. jubatus*) sind bis zu 40 kg schwere Huftiere, an die sich die schwarzgefleckten Jäger zunächst heranpirschen, um sie dann in kurzem Sprint zu erbeuten. Eine Jagd dauert meist nur 20–

L

60 Sekunden, geht im Schnitt über 170 m und endet immer spätestens bei 500 m. Dauert sie länger, geht dem „Sprinterkönig" Gepard die Puste aus. Während auf dem Schwarzen Kontinent noch etwa 5.000 bis 10.000 Geparde leben, ist die Jagd für den Asiatischen Gepard möglicherweise bald vorbei. Die Unterart *A. j. venaticus*, von der kaum noch 200 Exemplare die Steppen Asiens bewohnen, ist akut vom Aussterben bedroht.
Eine weitere anatomische Besonderheit, die dem Sprinter zu Gute kommt, sind seine nicht einziehbaren Krallen. Sie übernehmen dieselbe Funktion wie die Metallstifte unter den Rennschuhen menschlicher Läufer. Dank seiner langen Beine und einer äußerst biegsamen Wirbelsäule folgen die Schritte eines sprintenden Geparden so schnell aufeinander, dass beim Erreichen der Höchstgeschwindigkeit die vier Beine über mehr als 50% der Sprintstrecke keinen Bodenkontakt haben. Somit fliegt *Acinonyx jubatus* mehr seiner Beute nach, als dass er sie als Schnellster im Lauf verfolgt. Zur Jungenversorgung müssen Weibchen täglich solche Sprints absolvieren.

Direkt vor der Haustür: der extremste LEBENSRAUM

Organismen, die Temperaturen unter –20 °C schadlos überstehen und auch noch mehr als 50 °C locker überleben, verdienen irgendwie Bewunderung. Die Kältespezialisten erwartet man zu Recht in den polaren Regionen der Erde, wo die Jahresdurchschnittstemperaturen weit unter dem Gefrierpunkt liegen. Die Hitzetoleranten sind dagegen eher ein Fall für Vulkangebiete mit heißen Quellen (vgl. S. 137). Man braucht allerdings nicht nur in solchen entlegenen Erdenwinkeln nach Lebensspuren suchen. Organismen, die klirrende Kälte ebenso unbeeindruckt über sich ergehen lassen wie höllische Hitze, finden sich nämlich auch in nächster Nähe. Schauplatz dieser unvermuteten Extremistenszene sind die Dachziegel über unseren Häuptern: Zwischen den winterlichen Tiefsttemperaturen, die eventuell sogar unter dem Jahresdurchschnitt arktischer Gebiete liegen, und den sommerlichen Höchstwerten zur Mittagszeit, die auf einem südexponierten Hausdach fast Siedehitze erreichen, liegen oft Temperaturspannen von mehr als 120 °C. Die ökologisch bemerkenswert erfolgreichen Extremisten dieses höchst ungemütlichen Lebensraumes sind verschiedene Arten chromgelber, lichtgrauer oder schwarzgrüner Krustenflechten, die sich als lebende Patina aus kleineren oder größeren Fleckenensembles auf den Dachziegeln ansiedeln. Das Geheimnis ihrer Siedlungserfolge an einem solchen Biotop, dessen Kenndaten im Jahresgang zwischen Tiefkühltruhe und Bratpfanne schwanken, besteht darin, dass sie bei Extremtemperaturen praktisch austrocknen und während dieser Zeiten alle Lebenstätigkeiten einstellen. Aus diesen Gründen wachsen die meisten Flechten auch nur sehr langsam, denn sie sitzen über lange Zeiten wirklich nur einfach da und haben wegen Wassermangel Betriebsruhe.

Zeitzeugen der Erdgeschichte: das älteste LEBEWESEN

Fossilien sind im Allgemeinen keine quietschmunteren Lebewesen, sondern lediglich deren in irgendeiner Form überlieferte Reste. Bei den Mikroorganismen kann man sich jedoch in einzelnen Fällen nicht so ganz sicher sein, ob man ein Fossil oder einen lebenden Organismus bzw. ein tatsächlich lebendes Fossil vor sich hat.

Im Oktober 1999 entdeckte man bei Carlsberg im US-Bundesstaat New Mexico in 250 Millionen Jahre altem Salzgestein eingeschlossene Bakterien, die sich im Labor tatsächlich wieder zu aktivem

Leben erwecken ließen und die Stammbezeichnung 2-9-3 bzw. den Namen *Bacillus permians* erhielten. Schon wenige Jahre zuvor waren im Magen einer in 40 Millionen Jahre altem Bernstein eingeschlossenen Biene Bakterien der Spezies *Bacillus sphaericus* gefunden worden, die sich im Labor ebenfalls wieder in aktiv wachsende Kulturen überführen ließen. Schon in den 1970er Jahren tauchten vergleichbare Berichte von lebensfähigen Bakterien in permischen Zechstein-Salzlagern Hessens auf. Jedoch ließen sich damals nicht die Zweifel ausräumen, ob die Keime möglicherweise erst wesentlich später oder gar erst während der Laboruntersuchung in die betreffenden Gesteinsproben geraten waren.

Winzlinge: Wer ist das kleinste LEBEWESEN?

Für viele Menschen sind die gewöhnlich nicht besonders gut gelittenen Bakterien gleichbedeutend mit den kleinsten Winzlingen, die die Natur zu bieten hat. Wie groß oder besser klein sie nun wirklich sind, kann man sich verständlicherweise nicht besonders gut vorstellen, weil man sie nicht einmal in Millimetern besonders gut messen kann. Da mögen ein paar einfache Vergleiche hilfreich sein. Für viele Bakterienzellen kann man eine Länge von etwa 1 tausendstel Millimeter (µm) annehmen. Damit könnte man also 1.000 Bakterien wie die Waggons eines Güterzuges hintereinander reihen, um auf die Länge von 1 mm zu kommen. In einer normalen menschlichen Zelle, zum Beispiel einer Zelle der Mundschleimhaut, können etliche tausend Bakterien ohne nennenswertes Gedränge leben. Selbst auf der Spitze einer normalen Stecknadel lassen sich etliche Dutzend bis rund 100 Bakterien unterbringen. Auf einem Stecknadelkopf von etwa 1 mm^2 Grundfläche finden – könnte man sie aufstellen wie Würstchen im Glas – fast eine Milli-

on (10^6) Bakterienzellen Platz, auf einem i-Punkt dieser Buchseite nicht viel weniger. In den Stecknadelkopf, einem Raum von etwa 1 mm^3 Inhalt, passen etwa eine Milliarde (10^9) Bakterienzellen recht bequem. Nimmt man einmal die Länge einer kleinen Bakterienzelle auf der einen und eines 1 m großen Schulkindes (10^0 m) auf der anderen Seite, dann verhalten sie sich größenmäßig etwa so wie ein Mensch zur gesamten Erdkugel, die man mit ihrem Äquatordurchmesser von 12.756.320 m auf abgerundet ca. 10^7 m veranschlagen kann. Zwischen beiden Vergleichsgrößen liegen tatsächlich sieben Zehnerpotenzen oder ein Zahlenverhältnis von 1:7.000.000.
Die kleinsten bisher entdeckten Bakterien sind die so genannten Mycoplasmen. Ihre winzigen Zellen messen im Durchmesser nur etwa 0,2 µm. Rund 5.000 Mycoplasmen müsste man also ganz dicht hintereinander packen, um auf die Länge von 1 mm zu kommen. Diese Winzlinge sind so klein, dass ihnen sogar ein paar wesentliche Einrichtungen zum selbstständigen Leben fehlen – sie müssen daher als parasitische Piraten in tierischen Zellen leben. Auch beim Menschen kommen sie hin und wieder vor und verursachen Entzündungen in der Mundhöhle.

Algendämmerung: die tiefsten MEERESALGEN

Das Meer ist mit seiner gewaltigen Tiefenausdehnung nicht nur ein besonders großer, sondern auch weithin stockfinsterer Lebensraum. Im trüben Wasser der Nordsee geht selbst an hellen Sommertagen schon in etwa 10 m Wassertiefe das Licht aus. Nur in tropischen Klarwassergebieten kann das Sonnenlicht bis zu 200 m tief eindringen. An der Dämmerungsgrenze zum Reich ewiger Finsternis reicht es aber dennoch nicht mehr aus, um selbst die fetteste Schlagzeile einer

Boulevard-Zeitung zu erkennen. Manche Algen sind jedoch wesentlich lichtempfindlicher als unsere Augen – sie können tatsächlich mit unglaublich wenig Restlicht immer noch fotosynthetisch aktiv sein und tatsächlich wachsen. Die Meeresforscher Diane und Mark Littler haben 1984 mit einem Tiefseeforschungstauchboot an einem zuvor unbekannten Unterwasserberg bei San Salvador/Bahamas die Tiefenverteilung der Algen untersucht und gleich mehrere Rekordhalter entdeckt. In 269 m Tiefe sahen sie krustenförmig wachsende Kalkrotalgen (bei nur 0,001 % des Oberflächenlichtes), bei 210 m Tiefe die im Kalkgestein bohrende Grünalge *Ostreobium* und bei 157 m und 0,1 % des Oberflächenlichtes die bisher tiefste aufrecht wachsende Alge, eine bisher unbekannte Grünalge. Nach dem verwendeten Forschungs-U-Boot „Johnson Sea Link II" wurde sie 1985 als *Johnson-sealinkia profunda* beschrieben. Die beachtlichen Tiefenrekorde der Meeresalgen weisen noch eine interessante weitere Facette auf: Mit zunehmender Wassertiefe verringert sich nicht nur die Stärke des Lichtes, sondern auch seine Farbzusammensetzung. Während grüne Landpflanzen nur blaue und rote Anteile aus dem weißen Tageslicht verschlucken, können Tiefenalgen mit ihrer Eigenfarbe praktisch das gesamte übrige Restspektrum des Sonnenlichtes nutzen.

Seewespe: das giftigste MEERESTIER

Auch von europäischen Küsten können viele Urlauber über äußerst unangenehme Erfahrungen mit Feuerquallen oder anderen reaktionsstarken Vertretern einer Tiergruppe berichten, die man zu Recht Nesseltiere oder Cnidarier nennt. Der Kontakt mit einem der meist meterlangen und im freien Wasser kaum sichtbaren Fangtentakel der Quallen kann schmerzhaft sein wie ein Peitschenhieb, weil Hunderte bis

Tausende explodierender mikroskopisch kleiner Nesselzellen dem Betroffenen ihre gefährliche Giftmischung unter die Haut jagen.
Die an der Nord- und Ostküste des tropischen Australiens verbreitete und in den Monaten Dezember bis Januar häufige Seewespe oder Würfelqualle (*Chironex fleckeri*) wird etwa 20–30 cm groß und schleppt mehrere 2–3 m lange Bündel aus jeweils 15 Tentakeln hinter sich her, die am unteren Schirmrand ansetzen. Diese Art gilt als gefährlichstes Meerestier überhaupt, denn ihr Nesselgift kann unter Umständen innerhalb weniger Sekunden bis etwa 1 Minute tödlich wirken – verletzte Taucher oder Schwimmer werden rasch bewusstlos und haben oft keine Chance mehr, das Ufer zu erreichen. Der Tod tritt durch Atem- bzw. Herzstillstand ein.

Schwimmende Giftzwerge: die giftigste MIKROALGE

Den Indianerstämmen an der kanadischen Pazifikküste war schon seit Jahrhunderten bekannt, dass die in ihrem Siedlungsgebiet vorkommende Buttermuschel (*Saxidomus giganteus*) zu bestimmten Jahreszeiten nicht zu genießen ist, weil sie zu schweren Vergiftungen mit Lähmungen führt. Im Jahre 1957 isolierte man aus diesen sonst gerne konsumierten Muscheln tatsächlich einen Saxitoxin genannten Giftstoff, der zu den wirksamsten natürlichen Giften überhaupt gehört (vgl. S. 59). Seine für den Menschen tödliche Dosis liegt bei etwa 12 µg/kg Körpergewicht oder rund 1 mg. Wenig später stellte sich heraus, dass dieses Gift gar nicht von den Muscheln produziert wurde, sondern offenbar aus einzelligen Mikroalgen stammt und über die Nahrungskette in die Muscheln gelangt. Die Gift produzierenden Algen gehören zu den Gattungen *Protogonyaulax, Gonyaulax* bzw. *Alexandrium* aus der Klasse der Panzergeißler (Dinoflagellaten). Daher bezeichnet man die hochgiftige Verbindungsgruppe heute nicht mehr als Saxitoxine, sondern als Gonyautoxine. Neuere Forschungsergebnisse sprechen dafür, dass auch die Mikroalgen nicht die eigentlichen Giftmischer sind, sondern noch winzigere Bakterien, die in den Zellen leben.

Saxi- bzw. Gonyautoxine stören den normalen Nervenbetrieb und führen daher zu Lähmungen. Daher spricht man im klinischen Bereich von *paralytic shellfish poisoning* (PSP, Muschelvergiftung mit Lähmung). Das Vergiftungsbild beginnt mit Taubheitsgefühlen in den Lippen und Extremitäten und endet in schweren Fällen mit dem Tod durch Atemlähmung. PSP tritt auch in Europa auf und betrifft besonders die Miesmuschel und andere Speisemuscheln. Eine alte Erfahrungsregel sagt, dass man Muscheln nur in den Monaten mit einem „r" (September bis April) essen sollte, während vom Spätfrühjahr bis Spätsommer giftige Planktonalgen im Meerwasser enthalten sein können und dann auch mit giftigen Muscheln zu rechnen ist. In den Küstengebieten der Europäischen Union wird das Auftreten giftverdächtiger Planktonalgen routinemäßig überwacht. Unter Umständen sind die gelblich gefärbten Mikroalgen im Meerwasser so zahlreich enthalten (in einem Fingerhut mehrere Millionen Zellen), dass es wegen der enormen Zelldichten braunrot gefärbt ist. Daher spricht man an der Küste auch von Roten Tiden.

Keine Mörderin: die größte MUSCHEL der Welt

lebt auf Korallenriffen im Indopazifik. 1934 wurde ein Exemplar der Riesenmuschel (*Tridacna gigas*) mit 1,15 m Länge und 333 kg Gewicht vor der japanischen Insel Ishigahi, Okinawa, gefunden. Mit einem Lebendgewicht von über 340 kg war sie wohl die schwerste, je gewogene

Muschel. An Größe übertrifft sie allerdings ein Exemplar der gleichen Art, das man 1817 in Tapanula an der Nordwestküste Sumatras fand. Bei 230 kg Gewicht maß es 1,37 m. Zuweilen wird die Riesenmuschel auch „Mörder- oder Menschenfressermuschel" genannt. Berichte, dass sie Menschen mit ihren riesigen Schalen festgehalten hätten, wurden jedoch nie bestätigt. Erstens sind Riesenmuscheln im klaren Wasser weithin sichtbar und zweitens bewegen sie ihre Schalen beim Schließen äußerst langsam. Dennoch sollte man die geöffneten Schalen meiden, denn von ihnen wurden schließlich schon kleinere Seevögel eingefangen – so etwa ein Austernfischer, der nach dem Schließmuskel der Muschel hackte und so das Zusammenklappen der Schalen verursachte. Auch der weltberühmte Tauchpionier und „Vater der Meeresforschung" Hans Hass hat auf einer seiner Tauchexpeditionen mit dem Bein einer Schaufensterpuppe demonstriert, dass es von den Muschelschalen der Riesenmuschel festgehalten werden kann. Dennoch kam trotz „Mördermuschel" das Schaufensterpuppenbein sowie die Hass'sche Crew unverletzt wieder an die Meeresoberfläche, ganz nach dem gleichnamigen Buch und Film „L'adventure est au fond de la mer – Unternehmen Xarifa".

Überraschungsfund: der seltenste NADELBAUM

Im Frühherbst 1994 entdeckte David Nobilis in einer feuchten Schlucht des Wollemi-Nationalparks in den berühmten Blue Mountains bei Sydney eine Baumart, deren nächsten Verwandten man bis dahin nur als Fossilien aus der Jura- bzw. Kreidezeit kannte. Die unbekannte

Art erhielt den Namen des Wuchsgebietes sowie des Entdeckers und trägt den wissenschaftlichen Namen *Wollemia nobilis*. Als deutschen Namen könnte man die Bezeichnung Wollemie wählen; der gelegentlich auftauchende Artname Wollemi Pine ist unzutreffend, denn *Wollemia* gehört nicht zu den Kiefern-, sondern zu den Araukariengewächsen. Im Aussehen erinnert sie an eine Eibe, trägt allerdings deutlich größere und ziemlich ledrige Flachnadeln.
Von diesem lebenden Fossil kennt man unterdessen drei getrennte Populationen mit zusammen etwa 100 Individuen. *Wollemia*, die am natürlichen Standort eine Wuchshöhe von bis zu 40 m erreicht und eine schlank säulenförmige Krone entwickelt, ist damit die am stärksten gefährdete Gehölzart Australiens. Am Forstforschungsinstitut in Queensland hat man daher eine Methode zur vegetativen Vermehrung entwickelt, um die Art auch anderenorts in Erhaltungskultur zu nehmen. Seit 2006 kann man Jungpflanzen dieses außergewöhnlichen Nadelholzes unter anderem in den Botanischen Gärten von Bayreuth, Berlin, Bonn und Frankfurt sehen.

Eleganter Bogen: das längste NADELBLATT

Von dem zur Weihnachtszeit gehandelten Schmuckgrün kennt man die flachen, kantigen, biegsamen und fallweise auch starr stechenden Nadeln allenfalls als etwa 3–4 cm lange Gebilde. Bei den als Zier- und Forstgehölzen verwendeten Kiefern gehen die Nadelabmessungen dagegen oft schon über Fingerlänge hinaus. Noch deutlich länger sind sie beim Weltrekordinhaber unter den Nadelhölzern: Bei der auf den Kanarischen Inseln heimischen Kanaren-Kiefer (*Pinus canariensis*), die in den Bergwäldern von Teneriffa oder La Palma bestandsbildend wächst, sind die im Doppelpack stehenden Nadelblätter bis etwa 40 cm lang.

Wer trägt die dickste NUSS?

Mit bis zu 25 kg Gewicht ist die Frucht der auf der Inselgruppe Seychellen beheimateten Fächerpalme *Lodoicea maldivica* der Rekordhalter unter den Baumfrüchten. Botanisch korrekt ist es wie bei den meisten Palmen eigentlich der Steinkern einer Steinfrucht, doch umgangssprachlich bezeichnet man sie einfach als Riesennuss. Von den frühen Seefahrern nach Europa mitgebrachte Schalen waren äußerst begehrte Objekte. Man schnitt sie auf, polierte sie auf Hochglanz, fasste sie in Edelmetall und verwendete sie bei Hofe als kostbare Kredenzen. Angesichts ihrer ausgesprochen handschmeichlerischen Form – die nette Nuss erinnert in Gestalt und Abmessung tatsächlich an die Sitzfläche eines wohlproportionierten Mannequins vom Typ Naomi Campbell – tauchte schon bald der nahe liegende Verdacht auf, sie müsse wohl ein kräftiges Aphrodisiakum enthalten. Detaillierte Erfahrungsberichte sind allerdings nicht überliefert ...
Tatsächlich verfrachten vom Monsun getriebene Oberflächenströmungen im Indischen Ozean die leeren Nüsse von den Seychellen bis zu den 1.600 km entfernten Malediven und manchmal sogar bis zu den Küsten Indiens oder Indonesiens. Als „Coco de mer" oder „Sea coconut" tauchen sie im Schrifttum des 17. und 18. Jahrhunderts regelmäßig auf. Woher die Nuss wirklich stammt, blieb bis 1768 unklar. Damals besuchte der französische Landvermesser Georges Barrée die kleine Insel Praslin, fand am Strand eine Riesennuss und entdeckte

im dichten Inselregenwald auch bald die Frucht tragenden Fächerpalmen.

Um 1800 erschien in Paris die erste moderne Beschreibung der jetzt *Lodoicea seychellarum* genannten Palme. Später wurde dieser Name zum verbreitungsgeographisch unrichtigen, aber den strengen Benennungsregeln genügenden *Lodoicea maldivica* abgeändert. Ursprünglich war die endemische Palme auf fünf der 28 Graniteinseln der Seychellen beheimatet. Heute kommt sie nur noch in etwa 4.000 Exemplaren auf der Hauptinsel Praslin und dem benachbarten Curieuse vor. Auch als Baum wird die Art ungewöhnlich groß – bis zu 40 m hoch und 800 Jahre alt. Einzelne Blätter sind mit Blattstiel bis zu 12 m lang und so schwer, dass selbst eine kräftige Person sie kaum alleine tragen kann. Männliche und weibliche Blüten entwickeln sich auf verschiedenen Pflanzen. Sieben Jahre dauert es von der Befruchtung bis zum Abschluss der Samenreife. Wenn die Nuss vom Baum fällt, benötigt sie etwa zwei Jahre für die Keimung.

Klassischer Härtefall: die härteste NUSS

„Das ist aber eine harte Nuss", mag schon so mancher über einem schwierigen Problem geseufzt haben. Alle anderen Nüsse sind – unter konsequenter Anwendung der Hebelgesetze – mit dem praktischen Nussknacker zu bewältigen. Angesichts solcher mechanischer Patentwerkzeuge ist es erstaunlich, dass selbst Kleintiere wie Eichhörnchen oder sogar Waldmäuse Nüsse nur mit ihrem Gebiss knacken können. Hätten sie es allerdings mit Paranüssen zu tun, würden sie womöglich dennoch scheitern, denn die wurden von der Natur als fast uneinnehmbare Festung ausgerüstet. Selbst ein normaler Nussknacker schafft es kaum. Paranüsse öffnet man am besten mit dem Hammer.

Genau genommen sind Paranüsse keine richtigen Nüsse im botanischen Sinne, sondern extrem hartschalige Samen. Die eigentlichen Früchte sind kopfgroße, bis zu 2 kg schwere Kapseln mit stark verholzter und daher ebenfalls ziemlich widerstandsfähiger Wand. Jede Holzkapsel enthält rund 20 dreikantige, leicht gekrümmte Samen.
Para„nüsse“, auch Brasilnüsse genannt, wachsen auf einem bis zu 50 m hohen, immergrünen Baum der Art *Bertholletia excelsa,* der zu den Deckeltopfbaumgewächsen gehört. Beheimatet ist er im Tiefland des Amazonas und des Orinoco in Südamerika. Die Nüsse benannte man nach dem früheren Ausfuhrhafen Parà. Wegen der schwierigen Bestäubungsbiologie und der langen Reifezeit der Früchte (bis zu 18 Monate) wird *Bertholletia* kaum in Plantagen angebaut. Die auf dem Weltmarkt gehandelten Nüsse werden von November bis März in den Regenwaldgebieten gesammelt. Hauptexporteur ist Brasilien.
Die Holzkapseln öffnen sich nicht von selbst. In der Natur sind sie auf die Mithilfe von großen Nagetieren wie den Agouti-Arten angewiesen. Die können die ölreichen und sehr schmackhaften Samen aber auch nur dann bewältigen, wenn deren steinharte Schale durch Mikroorganismen leicht zersetzt ist. Übrigens: Die wertvollen Proteine der Para„nüsse“ rufen bei empfindlichen Personen fallweise starke Allergien hervor. Außerdem reichern Paranüsse seltene Spurenstoffe wie Barium, Caesium, Strontium und Cobalt an, auf uranhaltigen Böden sogar Radium.

Wer hat die größten OHREN?

Die größten Ohren in der gesamten Tierwelt hat der Afrikanische Steppenelefant (*Loxodonta a. africana*). Seine Riesenohrmuscheln dienen aber weniger dem besseren Hören als der besseren Kühlung in der afrikanischen Hitze. Wenn das Blut durch das weit verzweigte Blutgefäßnetz der Steppenelefanten-Ohren strömt, verliert es bis zu 19 Grad Celsius an Wärme, vor allem dann, wenn die Elefanten mit ihren Ohren wedeln oder sie in den Wind stellen. Wer so auffällig große Ohren besitzt, kann sie auch hervorragend als „Signalflaggen“ einsetzen. So startet ein wütender Elefant seinen Angriff immer auch mit weit abstehenden Ohren und wirkt dadurch noch größer und furchteinflößender.

Lange Löffel: die längsten OHREN

Unter allen Hasentieren hat der Schwarzfuß-Eselhase (*Lepus alleni*), auch Antilopenhase genannt, im Verhältnis zur Körpergröße die längsten Lauscher. Zwischen 13,8–17,3 cm lang, bei einer Durchschnittlänge von 16,2 cm, helfen sie dem Wüstenbewohner im Süden der USA und im nordwestlichen Mexiko, ähnlich wie beim Afrikanischen Steppenelefanten (s. S. 95), bei der Wärmeregulation. Während lange Ohren beim Kühlen und Lauschen Vorteile bringen, werden sie beim sich Ducken zur Feindvermeidung brav an den Körper angelegt.

Während wilde Kaninchenarten über kürzere Löffel als ihre Hasenverwandten verfügen, kann die Ohrlänge als ein auffälliges Merkmal züchterisch durchaus ausgebaut werden. So finden sich bei der Hauskaninchenrasse des Englischen Hängeohrs Exemplare, deren Ohren über 60 cm lang und maximal 14 cm breit sein können. Das allerlängste Englische Hängeohr verfügte sogar über 72,4 cm lange und 18,4 cm breite Ohren. Einem noch längeren Hängeohr wurde der Rekord nicht anerkannt. Krampfadern in seinen Löffeln deuteten nämlich darauf hin, dass hier sein Besitzer die Ohren mit Gewichten künstlich gestreckt hatte. Wie beim kleinsten und dicksten Hund der Welt (s. S. 67) sind solche „Rekorde" nicht nur fraglich, sondern echte Tierquälerei und damit, die Schweine mögen es verzeihen, eine echte Sauerei!

Fliegende Osterhasen: die längsten OHREN

aller Fledertiere hat – im Verhältnis zur Körperlänge – die über den Westen der USA und Nordmexiko verbreitete *Euderma maculatum*. Bei einer Körpergröße von maximal 7,7 cm hat das dunkelrotbraune, mit großen, weißen Flecken hübsch verzierte Tierchen bis zu 5 cm lange Ohren. In punkto Ohrlängen stehen der Gefleckten Fledermaus unsere Langohren wenig nach. Die heimischen Arten, das Braune wie das Graue Langohr (*Plecotus auritus, P. austriacus*) haben im Verhältnis zu ihrer Körperlänge von 4,5–7 cm fast ebenso lange Ohren mit 4 cm Länge. Die „Fliegenden Osterhasen" nutzen diese jedoch nicht als Wärmeaustauscher, sondern vielmehr als besonders empfindliche Hörtrichter zum Abhören selbst leisester Krabbelgeräusche ihrer Beutetiere. Langohren sind klassische „Lauschjäger", die nach dem Motto „Feind hört mit" auf nächtlichen Beutezügen die Vegetation bevorzugt nach Schmetterlingen, anderen Insekten und Spinnen abhören. Selbst die Laufgeräusche einer Spinne auf einer Glasscheibe klingen für Langohren noch nach Getrampel. Langohren wären die passenden Symbole für menschliche Abhördienste, wenn diese nicht so geheim agieren würden (müssten). Zur Schonung falten Langohren ihre riesigen Lauscher im Tages-, vor allem aber im Winterschlaf nach hinten leicht zusammen und klemmen sie unter die an der Körperseite anliegenden Flügel. Das „Ohrenverstecken" hilft, dass an kühlen Plätzen bei stark gedrosseltem Blutkreislauf den Schläfern die Ohrspitzen nicht erfrieren. Dann schauen nur noch die Ohrdeckel wie zwei kleine Teufelshörnchen vorwitzig über das Kopffell nach vorne heraus. In punkto Ohrlänge kommt bei uns die laubwaldbewohnende Bechsteinfledermaus (*Myotis bechsteinii*) den Langohren am nächsten. Doch sie behält ihre Lauscher auch im Winterschlaf nach vorne ausgestreckt.

Mann, ist der lang: der größte PENIS

im Tierreich findet sich bei Wal- und Elefantenbullen. Bei beiden sind gewaltige Metergrößen erforderlich, da aufgrund der Anatomie (bei Elefanten) oder der Lebensweise im Wasser bei fehlender „Händigkeit" (Wale) die Imissio eher zum Kunststück wird. Wie die beiden Milchzitzen des Weibchens sind auch die Fortpflanzungsorgane bei den Walen in einer Hautfalte der Bauchgegend verborgen. So wird der bei Blauwalbullen über 2 m lange Penis nur bei der Paarung sichtbar. Einer Walpaarung geht in der Regel ein ausgedehntes Liebesspiel voraus, bei dem die Partner in enger Körperberührung neben- und übereinander schwimmen. Manchmal folgen mehrere Männchen einem Weibchen, das sich bei soviel Zudringlichkeit manchmal im Flachwasser in Sicherheit bringt. „Erhört“ sie den Liebhaber, dauert der Geschlechtsakt bei Großwalen immer nur einige Sekunden, zumal wenn sich dazu die Partner – wie für Buckel-, Finn- und Pottwale festgestellt – Bauch an Bauch, sich mit den Flippern umfassend, über die Wasseroberfläche emporstemmen. In den meisten Fällen schwimmen allerdings die Wal-Männchen und -Weibchen zur Paarung in Seitenlage am Wasserspiegel dahin, ihre Unterseiten zueinander gekehrt. Ob hochgestemmt oder in Seitenlage: In beiden Fällen ist für die sehr bewegte Walpaarung ein langer Penis allemal von Vorteil.

Ihre Anatomie stellt die Elefanten bei der Paarung ebenfalls vor eine „harte“ Prüfung. Die Bullen der schwergewichtigen Vierbeiner (s. S. 79) müssen zum Vollzug des Geschlechtsaktes geradezu artistische Fähigkeiten entwickeln, vom „Kraftmenschen“ über den „Kunstturner“ bis hin zum „Schlangenbändiger“. Nach längerem Vorspiel versucht der Bulle von hinten auf die Kuh aufzureiten, wobei ihm der Erfolg anfänglich versagt bleibt. Denn die Kuh hält zunächst nicht still. Jetzt probiert er mit seinem auf ihrer Kruppe aufgelegten Kinn, sie zu drücken und beißt ihr dabei immer häufiger in den Nacken. Durch diese „Kraftmeierei“ demonstriert der Bulle ihr seine Überlegenheit. Das Treiben wird jetzt intensiver und endet schließlich in einer raschen, nicht wirklich ernst gemeinten Flucht des Weibchens („Scheinflucht“), dem der Bulle meist mit aufgelegtem Kinn folgt. Dann endlich bleibt sie stehen und macht ihre Hinterbeine breit. Der Bulle richtet sich jetzt auf seinen Hinterbeinen auf und stellt die Vorderbeine auf ihr Hinterteil, um diese dann über den Rücken der Kuh bis zu deren Schultern zu schieben. Seine Füße bleiben dabei eng aneinandergepresst. Nun folgt endlich der schwierigste Teil des doch sehr komplizierten Paarungsaktes auf „elefantisch“: das Einführen des mit 1,5 m Länge enorm großen Penis in die an der hinteren Bauchseite gelegene Geschlechtsöffnung des Weibchens. Der wird dabei zur Schlange, indem er S-förmig gekrümmt und mit eigenartigen Suchbewegungen die Geschlechtsöffnung zu orten versucht. Hat der Penis sein Ziel gefunden, knickt sein Besitzer auf die Hinterbeine ab und richtet den Vorderkörper zum Eindringen steil auf. Trotz seiner enormen Länge, dringt der Elefantenpenis während des im Schnitt nur 11 Sekunden dauernden Koitus nur etwa 30 cm tief in die weibliche Geschlechtsöffnung ein. Damit die 55–100 ml Spermien zum Muttermund gespült werden können, der sich 1–1,5 m hinter der Geschlechtsöffnung befindet, werden deshalb die etwa 1–1,5 l Samenflüssigkeit mit hohem Druck ejakuliert. Das Paarungsverhalten scheint für junge Bullen so kompliziert, dass in der Vergangenheit bei Elefantenpaarungen in Zoos und Zirkussen menschliche Pfleger häufig Hand anlegten, um die Kuh festzuhalten und dem Penis des Bullen den Weg zu zeigen.

Weitreichende Beziehungen: der größte PILZ

Fast jedes Jahr zur Pilzsammelsaison berichtet die Presse über ungewöhnlich große Steinpilze von mehreren Kilogramm Gewicht oder von Riesenbovisten, die aus der Ferne aussehen wie weidende Schafe. Was bürgerlich als Pilz bezeichnet wird, ist jedoch nur die Vermehrungseinrichtung des Lebewesens Pilz. Der eigentliche Pilzorganismus besteht aus einem meist nicht unbedingt auffälligen Fadengeflecht oder Myzel, und das kann nun tatsächlich erstaunlich ausgedehnt sein.

Im Jahre 2003 berichteten Forstfachleute in einer kanadischen Fachzeitschrift von einem Hallimasch-Myzel im Malheur National Forest im US-Bundesstaat Oregon, das sich im Waldboden über eine Fläche von knapp 9 km^2 erstreckt. Genetische Untersuchungen bestätigten, dass es sich tatsächlich um ein und dasselbe Fadengeflecht und somit wohl um ein einziges Pilzindividuum handelt. Es ist allerdings nicht auszuschließen, dass das Riesenmyzel eine Kolonie bzw. ein Klon genetisch identischer Fadengeflechte ist, was die Rekordmaße aber kaum schmälert. Das Alter dieses größten bekannten Hallimasch-Myzels wird auf etwa 2.400 Jahre geschätzt, das Gewicht beträgt vermutlich etwa 600 t, und damit wäre dieser Pilz das mit Abstand größte Lebewesen überhaupt. Da man beim Hallimasch heute mehrere Spezies unterscheidet, wurde eine genaue Artbestimmung vorgenommen: Das Riesenmyzel gehört zum Nadelholz-Hallimasch (*Armillaria oystoyae*). Diese Hallimasch-Art kommt auch in Europa vor. Im schweizerischen Nationalpark wächst nahe beim Ofenpass in Graubünden das größte aus Europa bekannte Exemplar mit einer Flächenausdehnung von 800 × 500 m und einem Alter von rund 1.000 Jahren. Die harmlos aussehenden Hallimasche im Wald sind also die heimlichen Hünen im Hintergrund und reichen buchstäblich von Waldrand zu Waldrand.

Pilzsammlers Horror: die giftigsten HutPILZE

Im Prinzip kann man alle Pilze essen – manche allerdings nur einmal, weil sie nicht nur unverträglich, sondern so giftig sind, dass sie den Lebensfaden unerbittlich abtrennen. Von den in Mitteleuropa vorkommenden ungefähr 5.000 Großpilzarten gelten aber nur etwa 2 % als problematisch und davon wiederum nur ein geringer Prozentsatz als fatal. Besonders gefürchtet sind vor allem die hochtoxischen Arten der Knollenblätterpilze (*Amanita phalloides, A. virosa, A. verna*). Vergleichbar kritische Arten (darunter *Amanita ochreata, A. tenuifolia* und *A. bisporigera*) kommen auch in Nordamerika vor. Sie gelten nach bisherigem Kenntnisstand weltweit als giftigste Pilze überhaupt.

Ihre Hauptgiftstoffe sind die – auch bei anderen Giftpilzen wie Nadelholz-Häubling (*Galerina marginata*) oder Fleischroter Schirmling (*Lepiota helveola*) – vorkommenden Amatoxine. Für Naturstoffchemiker sind sie vor allem deswegen besonders faszinierend, weil sie nur aus wenigen, zu einem achtförmigen Doppelring-Molekül zusammengeschlossenen Aminosäuren bestehen. Die tödliche Dosis beträgt für den Menschen ungefähr 0,1 mg/kg Körpergewicht. Bereits ein 50 g schwerer Grüner Knollenblätterpilz reicht also aus. Knollenblätterpilze sind für nahezu 90 % aller tödlich verlaufenden Pilzvergiftungen verantwortlich, die auf Unachtsamkeit, Unkenntnis oder Verwechslung mit problemlos essbaren Arten beruhen.

Die giftigsten Schimmel**PILZE**

Viele heimische Hutpilze sind echte kulinarische Verheißungen und wecken verständlicherweise Wünsche, auch wenn es in der Pilzflora ein paar fatale Fieslinge gibt, mit denen man die Pilzsaison leicht für immer beschließen könnte (vgl. S. 101). Bei den weniger auffälligen Schimmelpilzen ist es ebenso. Gorgonzola und Roquefort, aber auch Brie und Camembert erhalten ihr delikates Aroma erst durch die Mitwirkung ausgesuchter Käseschimmelpilze während der Reife im Lagerkeller. Unter den zahlreichen sonstigen Schimmelpilzarten fallen einige *Aspergillus*-Arten durch eine ausgeprägte Giftproduktion auf. Diese Pilzgifte bezeichnet man als Aflatoxine. Sie finden sich auffallend häufig in Erdnüssen, Paranüssen, Pecannüssen, Pistazienkernen und Tierfutter, sofern das Pflanzenmaterial nach der Ernte unsachgemäß (zu feucht und zu warm) gelagert wurde. Die akute Giftigkeit der verschiedenen Aflatoxine liegt bei etwa 1 mg/kg Körpergewicht und damit im Bereich besonders schwerer natürlicher Gifte. Die Weltgesundheitsorganisation (WHO) empfiehlt einen Höchstwert von 30 µg Aflatoxin/kg Lebensmittel, da von den Aflatoxinen auch Langzeitwirkungen wie chronische Leberschäden ausgehen können.

Das Gras wachsen sehen: die raschwüchsigste PFLANZE

Bambus ist die Sammelbezeichnung für eine besondere Unterfamilie innerhalb der Süßgräser mit stark verholzten und verkieselten Halmen, die ebenso stabil und tragfähig sind wie Baustahl (vgl. S. 60). Rekordhalter ist der Riesenbambus (*Dendrocalamus giganteus*), der bis zu 40 m hoch wird und dabei Halmdurchmesser von bis zu 30 cm erreicht. Im Unterschied zu konventionellen Bäumen, die jedes Jahr einen Zuwachsring von 1–2 mm Breite anlegen und dabei langsam dicker werden, ist der Durchmesser eines Bambus bereits in der Knospe festgelegt, selbst bei beeindruckenden Ofenrohrkalibern. Dafür können die Bambushalme geradezu unglaublich rasch in die Länge wachsen. Beim Riesenbambus hat man in der Hauptwachstumsphase im feuchtwarmen Klima seiner südostasiatischen Heimat eine tägliche Längenzunahme um bis zu 120 cm registriert. Meist ist der Tageszuwachs jedoch kleiner, aber selbst die 20–50 cm anderer Bambusarten sind eine ansehnliche und unangefochtene Leistung. Diese enorme Längenzunahme ist vor allem auf Streckungswachstum zurückzuführen: In den Halmabschnitten zwischen den Stängelknoten nehmen die Zellen nach vorheriger Zuckerbeladung aus den Blättern und dem Wurzelstock große Mengen Wasser auf und pumpen sich somit auf allen Etagen und nicht nur an der Halmspitze gleichsam hydraulisch auf. Erst später findet dann die Aussteifung der Zellwände mit Holzsubstanz und härtender Kieselsäure statt. Ob man je bedauernswerte Delinquenten höchst unliebsam mit Bambus exekutiert hat, indem man die Halme über Nacht durch deren Körper sprießen ließ, mag der Legendenbildung zuzuschreiben sein.

Erfolgreiche Fortpflanzung: die vermehrungsfreudigste **PFLANZE**

Fast alle Pflanzen erzeugen durch Samenbildung weitaus mehr potenzielle Nachkommen, als die Erde nach einigen Generationen tragen könnte. Da jedoch nicht alle Samenkörner einen freien Platz finden oder erst gar nicht keimen (können), bleibt das Problem überschaubar und im Gleichgewicht. Wer der absolute Rekordinhaber unter den Blütenpflanzen ist, lässt sich nicht mit letzter Gewissheit festlegen, weil längst noch nicht von allen Arten die Vermehrungsraten genauer bekannt sind. Für Europa gibt es jedoch verlässliche Zahlen. Auf Platz 1 steht die weitverbreitete Weiß- oder Hänge-Birke (*Betula pendula*).

Der blanke Überfluss beginnt bereits im Frühjahr: Jedes der etwa fingerlangen männlichen Blütenkätzchen setzt etwa 5.000.000 Pollenkörner an die frische Frühlingsluft – bei rund 10.000 Kätzchen an einer ausgewachsenen Birke sind das rund 50.000.000.000 (50 Milliarden). Sie lösen nicht nur Frühlingsgefühle aus: Von dieser Massenaussendung erreicht nämlich ein gewisser Anteil ziemlich zuverlässig auch die Nasen und sonstigen Schleimhäute von Pollenallergikern und verursacht heftige Atemprobleme. Ebenso erfolgreich treffen sie aber auch auf die Narben der weiblichen Blütenstände: Ab Spätsommer sind die winzigen Nussfrüchte reif und segeln nach Art von kleinen Frisbee-Scheiben umher. Etwa 35.000.000 Exemplare davon setzt eine mittelgroße Birke in die Welt. Vergleichbare Zahlen bringen auch die heimischen Pappeln und Weiden zu Stande. Ihren Fortpflanzungserfolg kann man sogar sehen: Die Miniatursamen fliegen schon ab Frühsommer gleich wolkenweise umher. Wo sie massenhaft zu Boden gehen, sieht es fast so aus wie nach einem verspäteten Schneefall. Die 50 Kokosnüsse, die eine Palme jährlich zur Reife bringt, nehmen sich im Vergleich dazu äußerst bescheiden aus.

Rascheltrocken? Das trockenste PFLANZENorgan

Ohne Wasser läuft nun wirklich nichts, und so ist auch das Leben immer an die Verfügbarkeit von freiem Wasser gebunden. Das eröffnet den Organismen andererseits jedoch die Möglichkeit, sich zumindest zeitweilig aus dem aktiven Leben zu verabschieden und in eine Trockenstarre zu fallen, wenn es die äußeren Umstände erfordern. Die seltsamen Flechten, die als graue oder gelbe Flecken auf Gestein und Dachpfannen siedeln, überdauern die sommerliche Bratpfannentemperatur ihres Standorts nur durch die Flucht in die Trockenheit. Die ersten Regentropfen wecken sie daraus in Sekundenschnelle wieder auf, und dann herrscht in der Flechtenkruste wieder hektische Betriebsamkeit. Durch systematisches Austrocknen überstehen auch die höheren Pflanzen ungünstige Witterungsperioden: Bei der Samenreife werden die im Samenkorn enthaltenen Mini-Embryonen planmäßig so weit entwässert, dass kein aktiver Stoffwechsel mehr stattfinden kann. Rascheltrocken sitzen die Samen in Hülse, Kapsel oder Scho-

te. Absolut wasserfrei sind sie dann allerdings nicht: Ihr Wassergehalt liegt immer noch bei etwa 5–11 %. Wenn man Erbsen aus der Tüte oder andere Pflanzensamen trocken in einem Reagenzglas erhitzt, schlägt sich rasch eine Anzahl feinster Wassertröpfchen an der Glaswand nieder.
Übrigens: So knochentrocken, wie es der Ausdruck unterstellt, ist auch unser Skelett tatsächlich nicht: Säugetierknochen weisen einen Wassergehalt von 30–45 % auf.

Pingpong und Bowling: der leichteste und der schwerste POLLEN

Pollenkörner gehören zu den interessantesten Pflanzenzellen überhaupt. Sie sind als Kuriere unterwegs, um männliches Erbgut von Blüte A zu Blüte B der gleichen Art zu transportieren und nutzen dabei entweder den Wind, seltener das Wasser und meist ein tierisches Taxi in Gestalt von Biene, Schmetterling, Kolibri oder Fledermaus. Je nach Transportverfahren zeigen sie entsprechende Anpassungen: Die Pollen der windblütigen Pflanzen, die ihr Erbe sozusagen in den Wind schlagen, sind besonders klein, die der tierbestäubten Arten meist deutlich größer. Die bisher gemessenen Extremwerte stammen aus der heimischen Wild- bzw. Gartenflora: Während die weitaus meisten Arten Pollenkorndurchmesser von etwa 25 µm aufweisen, findet sich auf den untersten Rängen mit besonders kleinen Pollen die Weiß-Birke (*Betula pendula*) mit etwa 10 µm Durchmesser. Ihnen stehen die vergleichsweise riesigen Pollenkörner des Garten-Kürbis (*Cucurbita pepo*) mit einem Durchmesser von 210 µm ge-

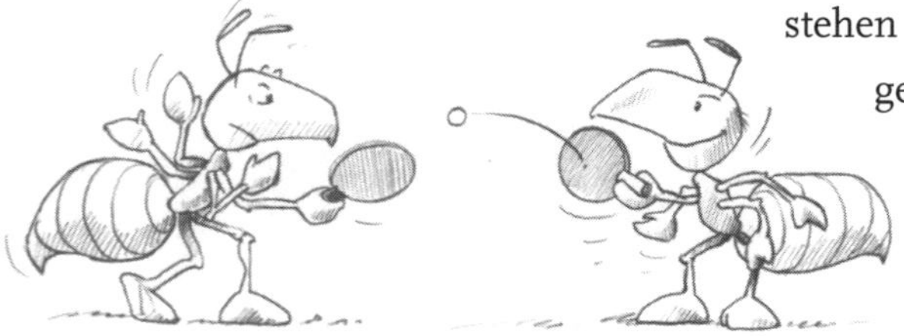

genüber. Diese Pollenkörner sind so groß, dass man sie schon mit bloßem Auge sehen kann. Beide Pollenkorntypen verhalten sich also dimensionsmäßig zueinander wie ein Pingpongball zu einer Bowlingkugel. Konsequenterweise weichen auch die Pollenkorngewichte stark voneinander ab: Rund 1,25 Milliarden Birken-Pollenkörner benötigt man, um auf ein Gewicht von 1 g zu kommen, aber nur etwa 800.000 vom Garten-Kürbis. Extreme Leichtgewichte sind sie also allemal, obwohl der Birkenpollen wolkenweise durch die Luft driftet und der Kürbispollen von eifrigen Sammelbienen verschleppt wird.

Nicht König, sondern Gigant: die größte **RAUBKATZE** der Welt

ist keineswegs der „König der Tiere“, der Löwe. Dieser Titel gebührt einer Unterart des Tigers, dem Sibirischen Tiger (*Panthera tigris altaica*). Auch wenn für angebliche Längenrekorde von 4 m keine nachvollziehbaren Beweise vorliegen, erreichte das größte vermessene männliche Exemplar des Sibiriers, auch Ussuri-Tiger genannt, eine Gesamtlänge von immerhin 3,5 m. Kopf-Rumpflängen von 2,1–2,2 m bei Gesamtlängen von 3,2 m sind schon bei extrem großen männlichen Zootieren festgestellt worden. Solche Giganten bringen dann 300 kg und mehr auf die Waage und erreichen Schulterhöhen von über 1 m. Die kleinste aller Tigerunterarten war wohl der heute ausgerottete Balitiger. Bei ihm dürften die bei Tigern immer größeren und schwereren Männchen eine Gesamtlänge von 2,2–2,25 m und ein Gewicht von 90–100 kg erreicht haben. Damit war die kleinste Tigerunterart um 1 m kürzer und um zwei Drittel leichter als die heute nur noch in wenigen Exemplaren in Freiheit vorkommende größte.

Groß wie ein Suppenkessel: **RIESEN**blume Rafflesia

Manches in der heimischen Flora sieht richtig mickrig aus, zum Beispiel die Blüten des Hungerblümchens (*Erophila verna*). Mit nur rund 1 mm Durchmesser fallen die Kronen kaum auf, auch wenn sie strahlend weiß ausgebreitet sind. Ganz anders machen die Blüten der Immergrünen Magnolie (*Magnolia grandiflora*) auf sich aufmerksam. Sie sind ebenfalls strahlend weiß, aber mit bis zu 25 cm Breite mindestens tellergroß. Da sie sich von den glänzend dunkelgrünen Laubblättern kontrastreich abheben, sieht der Baum zur Blütezeit aus, als habe man ihn mit grellhellen Papiertaschentüchern dekoriert. Die aus dem Südwesten der USA stammende Art wird weltweit als Zierbaum angepflanzt und ist auch in den wärmeren Gegenden West- und Südwesteuropas in Parkanlagen häufig zu sehen.

Auch weitere spektakuläre Einzelschöpfungen wie die bis zu 30 cm breite Blüte der Königin der Nacht (*Selenicereus grandiflorus*), eines Kakteengewächses aus dem südamerikanischen Regenwald, sind nur Mittelklasse angesichts einer wahrhaft gigantischen Superblume im XXL-Format: Bis zu 1 m Durchmesser erreicht die Einzelblüte von *Rafflesia arnoldii* aus den Tropenwaldgebieten von Sumatra. Die Gattung ist benannt nach dem Gründer der Stadt Singapur, dem britischen Kolonialgouverneur Sir Thomas Standford Raffles (1781–1826). Zusammen mit seinem Begleiter George Arnold entdeckte er 1818 die Riesenblume. Mit ihrer trüb braunroten Färbung und dem hellen Fleckenmuster sieht sie nicht besonders hübsch aus, und für die Nase ist sie erst rechts nichts, denn sie entwickelt einen durchdringenden Aasgestank, den man noch in etwa 100 Meter Entfernung wahrnehmen kann. Adressat dieser anrüchigen Einladung sind Aasfliegen, die normalerweise übel riechende Tierkadaver aufsuchen und dort ihre Eier ablegen.

Die eigentliche *Rafflesia*-Pflanze lebt als Vollparasit und durchwuchert mit einfachen, pilzartigen Zellfäden das Wurzelgewebe ihrer Wirtspflanzen, meist Verwandte der Weinrebe. Nur zur Blütezeit verrät sie ihre Anwesenheit, wenn sie ihre sternförmigen Einzelblüten direkt auf dem Boden ausbreitet. Durch Lebensraumverlust ist die Pflanze hochgradig gefährdet – ebenso wie ihre engere Verwandtschaft, die ein rundes Dutzend Arten mit (etwas) kleineren Blüten bis zu 60 Zentimeter Durchmesser umfassen.

Schwergewicht unter den Bodenfrüchten: Superbeere **RIESEN**-Kürbis

Obwohl die Kürbispflanze nur einjährig ist, bringt sie geradezu gigantische Früchte hervor: Durchmesser bis zu 1 m und Frischgewichte jenseits von 20 kg sind keine seltene Ausnahme, sondern eher Standard. Solche Schwergewichte hält es – zumal bei einer dünnstängeligen krautigen Pflanze – nicht an Stängeln oder Zweigen. Allein aus physikalischen Gründen bleiben die jungen Kürbisse nach dem Fruchtansatz am Boden und reifen sozusagen in Bodenhaltung.

Alle Kürbisarten stammen aus dem tropischen Mittel- und Südamerika. In Europa wurden sie erst nach 1514 durch den zurückkehrenden Kolumbus bekannt, der sie in der Neuen Welt bereits als hoch entwickelte Kulturpflanzen kennen gelernt hatte. Die Gattung umfasst insgesamt 20 Arten, die alle kultiviert werden. Wirtschaftlich bedeutsam sind davon jedoch nur

fünf Arten, darunter der besonders formenreiche Garten-Kürbis (*Cucurbita pepo*) und der ähnlich vielgestaltige Riesen- oder Melonen-Kürbis (*Cucurbita maxima*), der an drehrunden, stachellosen Stängeln sowie nierenförmigen Blättern zu erkennen ist.
Botanisch sind die Kürbisse trotz ihrer ungewöhnlichen Größe Beerenfrüchte, und wegen ihrer Reife in ständigem Bodenkontakt gleichsam besondere „Erdbeeren". Da sie mit besonders dicker Fruchtwand ausgestattet sind, nennt man sie auch Panzerbeeren.

Kein großes, sondern das größte **RIND**(vieh)

„Was war ich doch für ein Rindvieh!" Dieser Stoßseufzer ist schon manch einem über die Lippen gekommen, wenn er zu spät bemerkte, dass er sich unvorsichtigerweise auf was eingelassen hatte, das sich im Nachhinein als Fehler herausstellte. Egal wie groß der „Mist" war, den sein Erzeuger da machte: An die größten Rinder reicht ein menschliches (männliches) Rindvieh weder mit der Körpergröße noch an Gewicht jemals heran. Rekordhalter unter den eigentlichen, echten Wildrindern der Erde (Gattung *Bos*), von denen – abgesehen vom 1627 ausgestorbenen Auerochsen oder Ur als Vorfahr unsere Hausrindes – bis heute vier Arten weltweit überlebten (Banteng, Gaur, Yak und Kouprey), ist der asiatische Gaur (*Bos frontalis*). Diese beeindruckenden Wildrinder leben in größeren Beständen in den tropischen Wäldern mit Lichtungen oder den Waldsavannen Indiens, in kleineren Vorkommen auch in Nepal, Bhutan, Bangladesh, Myanmar, China, Thailand, Indochina und Westmalaysia. Während erwachsene Bullen ein glänzend schwarzes Fell, graue Wülste zwischen den Hörnern und weiße Beine tragen, sind die Jungbullen und Kühe bis auf ihre weißen Beine dunkelbraun gefärbt. Gaur haben riesige Köpfe, massive Kör-

per und kräftige Gliedmaßen. Ihr auffälliger Buckel kommt durch die verlängerten Wirbelfortsätze in diesem Bereich zu Stande. Auch tragen die Gaur kleine Hautlappen unter ihrem Kinn, eine große Wamme zwischen den Vorderbeinen sowie zwei seitlich nach oben gebogene Hörner. Ihre Kopfrumpflänge bewegt sich zwischen 2,4 und 3 m, ihre Höhe reicht von 1,7–2 m. Bullen haben bis zu 80 cm lange Hörner und bringen bis zu 1.225 kg auf die Waage, während Gaur-Kühe „nur" ca. 700 kg schwer werden.
Die wilden asiatischen Wasserbüffel (*Bubalus arnee*) bleiben zwar etwas kleiner, erreichen aber durch ihre größere Kompaktheit bei den Männchen mit 1,2 t Gaur-Gewichte, während die Wasserbüffel-Kühe mit 800 kg sogar noch 100 kg schwerer als ihre Gaur-Geschlechtsgenossinnen werden können. Selbst wenn wir also die asiatischen Büffel der Gattung *Bubalus* (neben dem großen Wasserbüffel die viel kleineren beiden Anoa-Arten sowie den kleinen Tamarau), den Afrikanischen Kaffernbüffel (Gattung *Syncerus*) und den Bison und Wisent als die beiden Vertreter der Gattung *Bison* zum Rinder-Größenvergleich hinzuziehen, bleibt der beeindruckende Gaur das größte Wildrind der Erde, ohne einem von uns den Titel „größtes Rindvieh" streitig machen zu wollen.

Vielseitig und flexibel: Der längste RÜSSEL

Mit dem Elefantenrüssel, der eine Sonderbildung aus Nase und Oberlippe ist, hat sich die Natur eine geradezu einzigartige Problemlösung einfallen lassen, denn er ist ein richtiges Multifunktionswerkzeug. Wer den längsten Rüssel trägt, ist beim Blick auf die beiden Arten klar zu beantworten: Beim deutlich größeren Afrikanischen Elefanten ist er natürlich etwas länger als bei seinem indischen Verwandten. Bei beiden Arten ist er aber nur so lang, dass er bei normaler Kopfhaltung frei baumeln kann, ohne den Boden zu berühren. Trotz ihrer beachtlichen Länge sind die Elefantenrüssel aber gar nicht die (relativ) längsten, denn sie sind allenfalls gut halb so lang wie ihre Dickhäuter. Rekordhalter ist ein madagassischer Schmetterling, die zu den Schwärmern gehörende Art *Xanthopan morganii praedicta*. In seinem 1862 erschienen Werk über die Bestäubung der Orchideen schildert der berühmte Charles Darwin die auf Madagaskar beheimatete Sternorchidee (*Angraecum sequipedale*), deren Blüte einen bis zu 30 cm langen Nektarsporn trägt, und folgerte, dass es für diese ungewöhnliche Blütenform auch einen passenden Bestäuber geben müsse. Erst 40 Jahre später entdeckte man tatsächlich eine entsprechend langrüsselige, von Darwin vorhergesagte (daher *praedicta*) Schwärmerart: Der praktischerweise einrollbare Saugrüssel von *Xanthopan* misst bis zu 25 cm Länge und ist damit ungefähr 4-mal so lang wie der Falter selbst.

Langatmig: der langlebigste SAMEN

In den Grabkammern der ägyptischen Pharaonen aus dem vierten vorchristlichen Jahrhundert fanden Archäologen ebenso artgenau bestimmbare Pflanzensamen wie in römischen Militärlagern am Niederrhein oder in mittelalterlichen Abfallgruben der Hansestädte. Keimfähig waren diese Samen allerdings nicht mehr. Auch wenn die Natur sie auf längere Lagerzeiten im weitgehend wasserfreien Zustand eingerichtet hat, ist ihr Lebenslicht irgendwann einmal erloschen. Die so genannte Samenbank im Acker- und Gartenboden zeigt jedoch, dass die Samen mancher Arten über mehrere Jahrzehnte ruhen können, um dann bei passender Gelegenheit gleichsam aus der Gruft zu fahren. Acker-Senf (*Sinapis arvensis*) keimt noch nach 50, Löwenzahn (*Taraxacum officinale*) selbst nach 70 Jahren. Den derzeitigen Rekord halten die aus einem Seesediment geborgenen Samen der Indischen Lotosblume (*Nelumbo nucifera*) mit erfolgreicher Keimung nach rund 500 Jahren. Die immerhin bis zur Blüte entwickelten Pflanzen zeigen jedoch mancherlei Wuchsanomalien. Fachleute deuten diese als Effekt der natürlichen radioaktiven Strahlung während der langen Lagerzeit.

Superleichtgewichte: die winzigsten SAMEN

Wenn ortsfest wachsende Pflanzen in die Ferne schweifen möchten, gelingt ihnen dies nur mit ihren Früchten und Samen. Als Ausbreitungshilfen zu Wasser, zu Lande und in der Luft hat die Natur allerhand trickreiche Mittel entwickelt, um den Erfolg der Arten zu sichern. Wer es in der pflanzlichen Luftfahrt besonders weit bringen will, muss unter anderem extrem leicht und geradezu staubkornfein sein.

Die Samen der heimischen Orchideen erfüllen exakt diese Voraussetzungen und führen folglich die Liste der leichtesten Luftflotte mit Abstand an. Ihre Samen sind sogar so leicht, dass man sie kaum einzeln wiegen kann. Nimmt man das im gärtnerischen Bereich als Mess- und Benennungsgröße verbreitete Tausendkorngewicht (TKG), so rangieren die meisten Orchideen irgendwo im Bereich um 0,000001 g – etwa eine Million ultraleichter Samenkörnchen bringen es also gerade einmal auf 1 g. Zum Vergleich: Beim Wiesen-Klee beträgt das TKG 2–3 g, beim Winterweizen sind es rund 40 g. Buchstäblich mit Leichtigkeit können die Orchideensamen also als pflanzliche Luftfracht erstaunlich weite Entfernungen überbrücken. Demnach müssten Orchideen ebenso wie andere Pflanzen mit Segelsamen aber weitaus häufiger und auch weiter verbreitet sein, als sie es tatsächlich sind. Der Grund für ihre Seltenheit erklärt sich zum Teil aus einem entscheidenden Nachteil: Die Orchideensamen sind vor allem deswegen so unglaublich leicht, weil sie kein Nährgewebe und damit so gut wie keine eingebaute Starthilfe für den Keimling haben. Treffen sie nach ihrer Luftreise irgendwo auf einen passenden Standort, brauchen sie für die erfolgreiche Keimung unbedingt die Mithilfe eines geeigneten Bodenpilzes, der das aufkeimende Orchideenpflänzchen mit Nährstoffen versorgt. An dieser Klippe scheitern offenbar die meisten Samen.

Das schwerste SAMENKORN

Glänzende Erscheinung, gewandet in schmeichlerischem Rotbraun, dazu mit hübschen Rundungen – eben ein echter Hingucker, so eine frisch aus ihrer Stachelkapsel gelöste Rosskastanie (*Aesculus hippocastanum*). Aber hätten Sie gedacht, dass Sie damit fast eine Weltmeisterin vor Augen haben? Tatsächlich gehören die reifen Rosskastanien mit ihrem Frischgewicht von bis zu 30 g zu den größten und schwersten Samenkörnern. Gewöhnlich denkt man in diesem Zusammenhang an die Kokosnuss oder an die besonders üppig geratene Seychellennuss (s. S. 92), doch dabei handelt es sich nach botanischen Begriffen jeweils um die Steinkerne von Steinfrüchten. Beim Steinkern ist die harte Hülle die innerste Fruchtschicht, beim knallharten Samenkorn dagegen die Samenschale. Auch der eigentliche Samen einer Walnuss, ebenfalls eine Steinfrucht mit stark verholzter innerer Fruchtwand, ist der weiche, essbare Kern, der aussieht wie ein frisch aufpräpariertes Gehirn. Nun könnte man natürlich die inneren Samenkerne von Kokos- und Seychellennuss als Rekordhalter anführen, doch werden diese nicht als freie Samen, sondern eben als Frucht verbreitet.

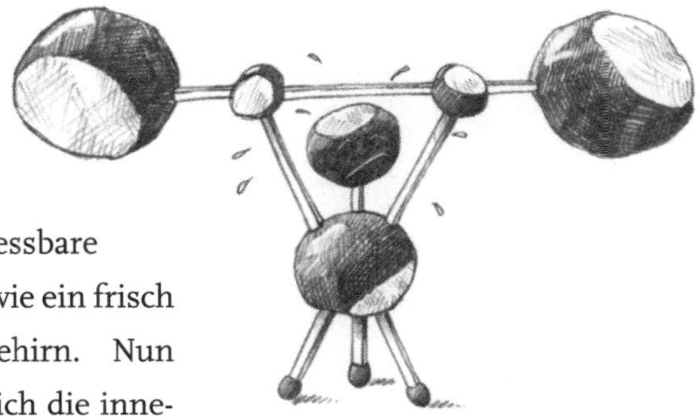

Ein interessanter Grenzfall ist übrigens die Avocado(birne) oder Butterfrucht (*Persea americana*). Lange Zeit hielt man sie ebenfalls für eine Steinfrucht mit Steinkern, aber nach neuer Einschätzung ist sie eher eine einsamige Beere. Dann wäre der mit fast 10 cm Länge und bis 50 g Gewicht ungewöhnlich große, cremeweiße und ziemlich hartschalige Kern ein richtiges Samenkorn.

Höchstleistung im SAMENweitwurf

Das Kräutchen-rühr-mich-nicht-an, auch Großblütiges Springkraut (*Impatiens noli-tangere*) genannt, ist in der heimischen Flora sicher das bekannteste Beispiel dafür, dass manche Pflanzen ihre reifen Früchte explodieren lassen und den Nachwuchs nach Artilleriemanier in der Nachbarschaft verteilen. Sofern die geladenen Früchte durch ihre eigene Gewebehydraulik unter Spannung geraten sind, nennt man die betreffenden Arten Saftdruckstreuer. Die Springkrautarten erreichen auf diese Weise Wurfweiten von bis zu 3 oder 4 m. Eine besonders heftig geladene grüne Kanone ist die im Mittelmeergebiet verbreitete Spritzgurke

(*Ecballium elaterium*). Sie verabschiedet ihre Samenfracht mit einem vernehmlichen Rülpser und streut sie bis über 12 m weit aus.
Ein alternatives ballistisches Verfahren funktioniert bei manchen Pflanzen auch ohne Saftdruck: Beim Reifen entwickeln Kapseln oder Hülsen allein durch Trocknung eine enorme Spannung. Wenn sie schließlich aufreißen, fliegen die Samen wie von einem Schleuderbrett davon. Die vordersten Ränge in dieser Disziplin pflanzlicher Leichtathletik belegen der Stinkende Storchschnabel (*Geranium robertianum*) mit etwa 6 m und die Fingerblättrige Lupine (*Lupinus digitatus*) mit etwas mehr als 7 m.

Unser Ururur ... ahne: das älteste SÄUGETIER

Es waren unauffällige säugerähnliche Reptilien, die den kometenhaften Aufstieg der Dinosaurier überlebten und sich „im Schatten" der Riesen vor 225–195 Millionen Jahren in der Triaszeit zu echten, nur ca. 5 cm „großen", nachtaktiven Säugern entwickelten. Es lässt staunen, dass von diesen unscheinbaren Tieren die aufregendste Entfaltung aller Wirbeltiere ausging. Denn das Wesen der Säugetiere liegt in ihrer im Vergleich zu anderen Tiergruppen unerreichten Formen- und Funktionsvielfalt. So wiegt das kleinste Säugetier, die Hummelfledermaus, gerade 1,5 g, während der Blauwal das 100-Millionen-Fache auf die Waage bringt (s. S. 139). Und während die Männchen der Stuart-Beutelmaus fast nie ihren einjährigen Geburtstag erleben und meist schon vor der Geburt des einzigen von ihnen gezeugten Wurfes sterben, kann ein Elefant ein Alter von über 60 Jahren erreichen (s. S. 78) und in seinem langen Leben Vater von 30 und mehr Kälbern werden, von uns Menschen mit unseren Fähigkeiten, „Unarten" etc. ganz zu schweigen.

Bunt wie ein Papagei: das bunteste SÄUGETIER der Welt

– das ist der Mandrill (*Mandrillus sphinx*). Genauer genommen sind es die erwachsenen Mandrill-Männer dieser Waldpavianart, denen der Buntheitstitel unter den Säugetieren zusteht. Ihr graubraunes Fell ist auf der Unterseite blassgelb. Das Gesicht des Mandrill-Manns ziert ein orangegelber Backen- sowie ein weißlicher Schnurr- und Kinnbart. Während die Ohren rosafarben sind, leuchtet das Gesicht in den Farben Rot, Violett, Weiß und Blau. Mittendrin in diesem Farbencocktail sitzt die schwarze Nase. Das nackte blaue und rote Hinterteil gibt hinterrücks ebenso bunte Farbtupfer wie der rote Penis im Kontrast zum grellblauen Hodensack vorne. Bei Erregung beginnen die Hautfarben des Mandrill-Manns noch intensiver zu leuchten. Auch die Weibchen und Jungtiere tragen ähnliche, aber längst nicht so leuchtende Farben. So wird ein Mandrill-Mann in den dunklen Wäldern Westafrikas zum bunten Paradiesvogel – vor allem dann, wenn er sich (zu Recht?) aufregt, sei es vor Wut oder vor lauter Lust.

Echt grottenhässlich: das hässlichste SÄUGETIER

Wie Schönheit ist auch Hässlichkeit nicht nur, aber auch Geschmackssache. Was wir als schön oder hässlich bezeichnen, ist dennoch keine reine Ansichtssache. Säugetierarten, ob Wildtiere oder Haustierrassen, wirken dann besonders anziehend und hübsch, wenn bei ihnen mit großen Kulleraugen und rundlichem Gesichtsschädel das Kindchenschema zum Tragen kommt. Spitze Schnauzen und nackte Schwänze wirken auf uns dagegen eher hässlich und abstoßend. Wenn wir zum Beispiel eine Haselmaus neben eine Ratte stellen, ist absolut sicher, welche von beiden wir hübscher finden.

Ganz allgemein zu den hässlicheren Vertretern der Säugetiere zählten früher die Fledermäuse. Erfreulicherweise hat sich mit dem besseren Kennenlernen der Nachtschwärmer unser Bild von diesen fliegenden Säugetieren grundsätzlich gewandelt. Die einstigen „Ekeltiere" starteten durch und stiegen – zumindest bei den Jüngeren von uns – auf zu einer der beliebtesten Tiergruppen. Beim genaueren Durchforsten der zahlreichen, mehr als 900 Fledertierarten weltweit, können wir dennoch auf einen bzw. zwei ihrer Vertreter stoßen, deren Gesichter geradezu wie die Ausgeburt an Hässlichkeit auf uns wirken: Das sind *Sphaeronycteris toxophyllum,* ein Tierchen ohne Trivialnamen, und das Greisenhaupt (*Centurio senex*). Zur Fledermausfamilie der Neuweltblattnasen oder Lanzennasen zählend, zeichnet beide ihr abschreckend groteskes, von Falten und Furchen überzogenes Gesicht aus. Während der für Fledermäuse üblichen Tagesruhe ziehen beide ihre faltige Haut wie eine Maske über ihr Gesicht, um beim Ausfliegen und der Futtersuche „demaskiert" ihre ganze Hässlichkeit zu zeigen. Unübertroffen an Falten, Warzen und Hautlappen ist das bizarre Gesicht des Greisenhaupts. Nachdem selten oder nie in der Natur solcherart Ausprägung reine Spielerei ist, verbirgt sich hinter dem grotesken Aussehen Funktionalität. Was den Betrachter mancher Fledermausgesichter an Bilder aus einem zoologischen Gruselkabinett erinnert, ist in Wahrheit eine hervorragende Anpassung an unterschiedliche Lebens- und Ernährungsweisen. Während einige der „Ver(un)zierungen" sicher im Dienst der Echoortung stehen, weisen andere auf Sonderanpassungen beim Nahrungserwerb hin. Die „Gesichtszier" vieler Fledermäuse spiegelt die Bedeutung von Schall für ihre Lebensweise wider.

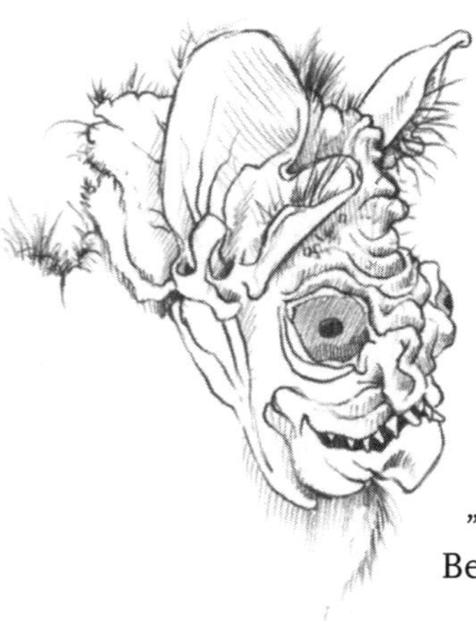

So hilft ein Hautlappen (Tragus) im Ohr vieler Arten, die Echos in der Vertikalebene exakt zu lokalisieren. Während die meisten Arten ihre Schreie durch den Mund ausstoßen, besitzen die meisten „Nasenorter", wie Hufeisen-, Großblatt-, Rundblatt- und die Neuweltblatt- oder Lanzennasen, um ihre Nasenöffnungen komplizierte, auf uns oft geradezu grotesk bis abstoßend wirkende Hautstrukturen, um die Töne zu bündeln und auszurichten. Das Greisenhaupt und seine „hässliche Verwandtschaft" haben offensichtlich zugunsten „mulifunktioneller Gesichtsfalten" auf „einfachere" Nasenblätter „verzichtet". Hinter ihrem abstoßenden Äußeren verbergen sich zwei ganz harmlose Fruchtliebhaber, die mit Hilfe ihrer Falten möglicherweise orten und gleichzeitig vielleicht auch ihre Nahrung besser riechen können. Dagegen ist die viel netter aussehende Vampirfledermaus ein Blut saugender, echter Parasit. So gilt selbst für Fledermäuse, was wir im Zwischenmenschlichen beachten sollten: Adrettes Aussehen lässt nicht unbedingt auf Harmlosigkeit schließen, und äußere Hässlichkeit spricht nicht unbedingt für einen schlechten Charakter. Schönheit kann – auch bei uns – leicht bloße Maske sein.

Ein Fall für den Bundespräsidenten: das kinderreichste SÄUGETIER

Mehrlingsgeburten sind für viele Säugetiere nichts Außergewöhnliches. Dennoch stößt der Kindersegen rasch an eine unüberwindbare Grenze. Und das ist die Zahl der „Milchzapfsäulen", über die eine Mutter anatomisch verfügen kann. Schließlich müssen alle Jungen für eine gewisse Zeit einzig von der mütterlichen Milchquelle leben. Schon die Zitzenzahl liefert uns Hinweise auf die zu erwartende Kinderzahl. Zu den Kinderreichen zählen zweifellos die nordamerikani-

schen Opossums (Beutelratten). Bei normalerweise 13 vorhandenen Zitzen gebären Opossum-Weibchen in der Regel 21 Junge je Wurf. Da jedoch nicht einmal alle Zitzen funktionsfähig sind, muss ein Großteil der Jungen verhungern. Selten überleben mehr als acht der sehr unfertig auf die Welt gebrachten Jungen, die bei der Geburt etwa die Größe einer roten Erbse haben. Den Geburts-Weltrekord stellte ein Virginisches Opossum mit 56 Jungen auf.
Noch wesentlich besser mit Zitzen „bestückt" ist der zu den Insektenfressern zählende Große Tanrek: Mit bis zu 29 Zitzen beanspruchen die Tanrek-Weibchen den „Zitzentier-Rekord". Sie können so pro Wurf im Schnitt leicht 20 Junge gebären und erfolgreich aufziehen. Im holländischen Zoo Wasenaar gebar ein Großes Tanrek-Weibchen sogar 31 Junge, von denen alle bis auf eines überlebten. Mit soviel eigenen Kindern ließe sich bei uns eine ganze Schulklasse füllen.

Miniwinzig und ewig hungrig: das kleinste SÄUGETIER Europas

Neben der thailändischen Hummelfledermaus (s. S. 39) als dem kleinsten Säugetier der Welt gehört auch die Etrusker- oder Wimperspitzmaus (*Suncus etruscus*) zu den kleinsten Säugern. Bei einer Körperlänge von 3,5–5,3 cm und 2,4–2,9 cm Schwanzlänge bringt sie nur 1,5–2,2 g auf die Waage. In Europa nur im Mittelmeergebiet vorkommend, sind Etruskerspitzmäuse als kleinste Insektenfresser der Welt von Kleinasien bis Afghanistan und Nordafrika verbreitet. Die überwiegend nachtaktiven Winzlinge können geschickt klettern. Sie jagen im Kulturland mit alten Weinbergen, Olivenhainen, Gärten und Steinmauern, in alten Häusern, aber auch in Buschwäldern und entlang von Bächen nach Insekten und deren Larven. Bei plötzlichen Kälteeinbrüchen können die ewig hungrigen Tierchen mit dem großen Energiebedarf für mehrere Stunden in Lethargie verfallen. Auch das Geburtsgewicht junger Etruskerspitzmäuse ist rekordverdächtig: Es beträgt gerade mal 0,18–0,22 g.

Schmerz lass nach: die schärfsten SCHARFmacher

Chili, Peperoni, Cayennepfeffer oder Roten Pfeffer nennt man küchentechnisch die fälschlich als Schoten bezeichneten Beerenfrüchte von *Capsicum frutescens*, wie die im Vergleich eher harmlose Gewürz- und Gemüse-Paprika (*Capsicum annuum*) ein Vertreter der Nachtschattengewächse. Bei der Wildform sind die Beerenfrüchte 1–5 cm lang, bei Kultursorten bis zu 15 cm. Sie sind spitzkegelig und reif immer leuchtend rot. Ursprünglich in Süd- und Mittelamerika sowie in der Karibik beheimatet, kultiviert man sie heute in vielen tropischen Gebieten in verwirrender Sortenfülle. Chilis vermitteln ein wesentlich beißenderes Geschmackserlebnis als die übliche Gemüse-Paprika, da sie – vor allem in den hellen inneren Fruchttrennwänden und in den Samen – fast die doppelte Menge des extrem scharf schmeckenden Alkaloids Capsaicin enthalten. Damit ist dessen eigentliches Aufgabenfeld umrissen: Es soll die für die Vermehrung der Art wichtigen Samen vor Fraßfeinden schützen. Auf dem Weltmarkt wird die Schärfe mit einer Skala von 1–10 klassifiziert. Zur höllisch scharfen Klasse 10 gehört die Sorte ‘Charleston Hot’ aus South Carolina. Man verwendet Chilis in mexikanisch

inspirierten Gerichten (Chili con carne) als Pulver, in Pasten, Ölen und in Saucen, darunter in der berüchtigten Tabasco oder in der Hot Chili bzw. Hot Pepper Sauce. Der brennende Geschmack beim Kontakt der Mundschleimhäute mit dem Chili-Wirkstoff Capsaicin ist eigentlich eine thermische Täuschung, denn das Alkaloid wirkt vor allem auf diejenigen Nervenenden ein, die für die Wärmeempfindung zuständig sind. Längeres Einwirken stumpft die Wärmeempfindung ab – nicht jedoch die eigentlichen Geschmacksnerven, im Unterschied beispielsweise zu schwarzem Pfeffer. Die zunächst heftig Tränen treibende, dann aber betäubende Wirkung eines Tropfens Tabasco auf der Zunge nutzten bereits die Indianer als lokal wirksames Schmerzmittel.

In der Schlangengrube: die giftigste SCHLANGE

Bei Schlangen denken wir sofort an Gift. Dabei sind von den rund 2.700 bekannten Schlangenarten nur etwa 680–700 Arten giftig. Davon wiederum ist ein knappes Drittel für Menschen ungefährlich. Besonders giftig ist der in Nord- und Nordostaustralien sowie im südwestlichen Neuguinea vorkommende Taipan (*Oxyuranus sontellatus*). Die große, 2–3 m lange Art mit deutlich abgesetztem, langem Kopf und den bei Jungtieren auffällig großen Augen ist meist tagaktiv. Sie jagt bevorzugt kleine Säugetiere wie etwa Ratten am Boden. Bei Störung ziehen sich Taipans rasch in Verstecke unter Steinen oder in dichte Vegetation zurück. In die Enge getrieben, wissen sie sich mit Vehemenz zu verteidigen. Die Schlangen schlagen dabei mit dem Schwanz um sich, flachen den Kopf ab, heben den in S-förmige Schlingen gelegten Vorderkörper an und können blitzschnell mehrfach zubeißen. Ihr äußerst wirksames Gift enthält sowohl Neuroto-

xine als auch Enzyme, welche die Gerinnungsfähigkeit des Blutes aufheben. Weitere Giftkomponenten wirken zerstörend auf die Skelettmuskulatur. Weil die langen Giftzähne ein Mehrfaches der tödlichen Dosis injizieren, verlaufen Taipanbisse ohne Antiserumbehandlung fast immer tödlich. Der Biss eines Taipans kann selbst so große Tiere wie ein Pferd innerhalb von fünf Minuten töten. Weil diese wohl gefährlichste Giftschlange eher scheu ist, kommt es fast immer nur bei Fangversuchen zu tödlichen Unfällen.
Eine nahe verwandte Art des Taipans, der Inlandtaipan (*O. microlepidotus*), ist noch giftiger: Sie kommt an einzelnen abgelegenen Stellen im östlichen Zentralaustralien vor. Vor allem im trockenen Westen Queenslands und New South Wales ist sie auf ausgetrockneten, temporären Überschwemmungsflächen zu finden. In Größe, Gestalt und Färbung dem Taipan ähnelnd, ist ihr Kopf meist dunkel gezeichnet und ihr Körper mit einer dunklen Sprenkelung versehen. Auch diese Art, die man in Australien aufgrund ihres Temperaments „Fierce Snake“ und wegen ihrer glatten Beschuppung „Smooth Snake“ nennt, ist tagaktiv und jagt vor allem Ratten. Eine von ihr gebissene Ratte ist innerhalb von Sekunden tot. Die durchschnittliche Giftmenge beim Melken von *O. microlepidotus* beträgt 44 mg. Der Melkrekord von 110 mg dieses stark neurotoxischen Gifts würde für die Tötung von 250.000 (!) Mäusen ausreichen. Nur gut, dass die allergiftigste Schlange der Welt in so abgelegenen Gegenden lebt. Dadurch kommen Menschen nur selten mit ihr in Kontakt und so wurde bis heute noch kein einziger menschlicher Todesfall durch ihren Biss bekannt.
Rein vom Gift her betrachtet werden die giftigsten Landschlangen von einer Seeschlange namens *Hydrophis belcheri* übertroffen. Sie ist von allen ihren 49 Artverwandten die giftigste. Ihr Muskelgift ist um ein Vielfaches wirksamer als das jeder Landschlange. Dennoch sind menschliche Todesfälle selten, da die Schlange ein äußerst freundli-

ches Temperament besitzt und schon heftig geärgert werden muss, bis sie einmal zubeißt. Meist erwischt es dann Fischer, wenn sie mit ihren Netzen hantieren und dabei mit einer darin gefangenen *H. belcheri* in Berührung kommen. Und selbst dann zeigen noch 25% der Gebissenen keine Vergiftungserscheinungen, da die Schlange selten große Giftmengen injiziert. Somit kommt es bei Giftschlangen nicht nur auf das Gift, sondern vor allem auf ihre „Giftigkeit" im Sinne von Bissigkeit an.

Schlängelnde Monster: die längste SCHLANGE

Während die Beschreibungen von Riesenschlangen oft mehr den Fantasien früher Entdecker als der Realität entsprangen, gibt es sie doch, die Schlangen mit Rekordmaßen von über 9 m Länge. Rekordhalter mit einer Körperlänge von 10 m ist ein 1912 in Celebes geschossener Netzpython (*Python reticulata*), der von Bergwerks-Ingenieuren vermessen wurde. Den Messungen von Ingenieuren dürfte man wohl glauben. Ihr folgt mit 9,81 m ein Afrikanischer Felsenpython (*P. sebae*). Es war eine Frau, die diese „Monsterschlange" auf einem Schulhof (!) an der Elfenbeinküste erschoss. Die Durchschnittslänge bei dieser Schlangenart beträgt allerdings „nur" 3–5 m. Die Rekordlänge einer südamerikanischen Anakonda (*Ennestes nurinus*) lag bei 8,45 m. Bei einem Umfang von 1,11 m musste sie geschätzte 227 kg gewogen haben. Damit war sie zwar nicht die längste,

sicher aber die bisher schwerste Schlange der Welt. Solche Spitzengewichte können sich auch nur Anakondas leisten, die die meiste Zeit im Wasser verbringen. Um sich auf dem Land zu bewegen sind auch den Schlangen längen- wie gewichtsmäßig Grenzen gesetzt. Legt man die biomechanischen und physiologischen Belastungen zu Grunde, die auf eine Schlange an Land einwirken, ist rein rechnerisch wohl bei 15 m Länge endgültig Schluss. Solche Monsterschlangen würden am eigenen Gewicht ersticken, noch könnten sie solche Massen schlängelnd fortbewegen. Theoretisch besteht aber durchaus die Chance, dass sich irgendwo noch eine unerkannte Rekordhalterin von über 10 m Länge herumschlängelt. Hinter den gewaltigen Würgschlangen folgt übrigens als giftige Riesin die Königskobra, die verbürgte 5,71 m lang werden kann.

Riesig und äußerst wählerisch: der größte SCHMETTERLING

Der größte Falter der Welt würde uns bei „Schmetterlingen im Bauch“ ganz schön Schwierigkeiten bereiten, denn die größeren Weibchen von *Ornithoptera alexandrae*, einer seltenen Vogelflügler-Schmetterlingsart von Papua-Neuguinea, können ihre Flügel bis zu 28 cm weit spannen und mehr als 25 g schwer werden. Trotz der gewaltigen Größe bekommt man den Riesenschmetterling nur selten zu Gesicht. Die einzige Nahrungsquelle dieses Schmetterlings wie auch seiner Larven ist nämlich

die Kletterpflanze *Aristolochia dielsiana* – und um den Riesenschmetterling an dessen Blüten naschen und seine Larven an den Blättern fressen zu sehen, müssten wir schon 15–40 m hoch hinaus in das Baumkronendach des tropischen Waldes.

Minigaukler: der kleinste SCHMETTERLING

Am anderen Ende der Größenskala von Schmetterlingen steht der Zwergbläuling *Brephidium barberae*. Mit einer Flügelspannweite von nur 1,4 cm bei einem Gewicht von weniger als 10 mg gaukelt er durch Südafrika und wird an Kleinheit nur noch unterboten von der Zwergmotte *Stigmela riduculosa* auf den Kanarischen Inseln. Sie kommt mit einer Flügelspannweite von ca. 2 mm bei etwa ebenso „kurzer" Körperlänge daher.

LangSCHNÄBEL unter den Vögeln

Rekordhalter unter allen langschnäbeligen Vögeln ist der australische Brillenpelikan. Mit stolzen 34–47 cm langen Schnäbeln halten sie den Rekord in der Vogelwelt. Im Verhältnis von Schnabel zur Körperlänge werden Brillenpelikane allerdings vom südamerikanischen Schwertschnabel-Kolibri geschlagen. Der von seiner Schnabelspitze bis zum Schwanzende 25 cm messende Vogel verfügt immerhin über ein 10,2 cm langes „Schnabelschwert". Das setzt er allerdings nicht zum Fechten, sondern zum Naschen von Nektar aus tiefen Blütenkelchen ein. Um nicht das Gleichgewicht zu verlieren, hält der Schwertschnabel-Kolibri beim Ruhen den Riesenschnabel senkrecht nach oben.

Fast ein halbes Hähnchen: die größte SCHNECKE

Wie bei den giftigsten Schlangen (s. S. 122) müssen wir auch bei den Schnecken zwischen im Wasser und an Land lebenden Arten unterscheiden. Die größte, je vermessene Wasserschnecke war ein Exemplar der Sternschnecke, Gattung *Hexabranchus*, das 1991 vor der Inselgruppe Les Sept Feres im Roten Meer gefunden wurde. Die Existenz dieser kleinen Population der leuchtend rosa- und pfirsichfarbenen Nacktkiemer war bis dato unbekannt. Während die größte Schnecke 52 cm lang und 37 cm breit bei geschätzten 2 kg Gewicht war, maß das kleinste Exemplar immerhin noch 33 x 21 cm. Damit kommt es in die Regionen der größten Landschnecke, der afrikanischen Echten Achatschnecke (*Achatina achatina*). Sie erinnert an eine übergroße Weinbergschnecke, weist aber eine durchschnittliche Gehäuselänge von 20 cm und eine Gesamtlänge im ausgestreckten Zustand von maximal 39,3 cm auf – und das bei 27,3 cm Gehäuselänge und 900 g Gewicht. Wenn *Achatina* anstelle unserer Weinbergschnecke auf dem Gourmet-Teller liegen würde, hätte diese Schnecke durchaus schon die Ausmaße eines halben Hähnchens ...

Die schnellste SCHNECKE im Watt

Mit ihrem höchstens 6 mm langen, gelbbraunen Gehäuse werden die Wattschnecken (*Hydrobia ulvae*) meist gar nicht als Wattbewohner wahrgenommen, obwohl die Tiere ziemlich häufig und weit verbreitet sind und in Siedlungsdichten von durchschnittlich etwa 20.000 Individuen pro Quadratmeter auftreten. Gleichzeitig haben sie eine enorme Vermehrungsrate und eine hohe Wachstumsgeschwindigkeit. Damit gehören sie trotz ihrer geringen Größe zu den wichtigsten Gliedern in der Nahrungskette – Strandkrabben ver-

zehren mengenweise Wattschnecken, ebenso wie Scholle und Flunder oder verschiedene Seevögel wie Alpenstrandläufer, Brandente, Knutt und Seeregenpfeifer.
Aber wieso schnell? Meist kriechen Wattschnecken im üblichen Schneckentempo von ein paar Millimetern in der Minute über die Schlickflächen und weiden dabei die winzigen Kieselalgen des Sediments ab. Um Raum zu gewinnen und neue Gebiete zu erobern, können sich die Wattschnecken mit ihrer Kriechsohle auch einfach von unten an das Oberflächenhäutchen des Meerwassers hängen und sich so mit den Strömungen verdriften lassen. Wenn nach der Ebbezeit die Front des Flutstroms über das trockenliegende Watt streicht, geschieht das im Tempo eines mäßig schnell schreitenden Fußgängers. Für die normalerweise eher behäbige Wattschnecke bedeutet dies jedoch einen ungeheuren Geschwindigkeitsrausch, denn sie kann nun in kurzer Zeit mehrere Kilometer Distanz überwinden.

Der längste SCHNURRBART

wird unter männlichen Zeitgenossen durchaus ernsthaft und wettbewerbsmäßig ausgewählt und prämiert. Neuerdings existiert als Dachorganisation der organisierten Schnurrbart- und Bartträger sogar eine „Moustache Association“ – der Weltverband der Bärte und Schnurrbärte! Im Tierreich sind erste Kandidaten um den Titel „längster Schnurrbart“ die Flossenfüßer oder Robben. Seelöwen,

Seebären, Walross, Seehunde und Mönchsrobben sind mehr oder weniger stark an das Leben im Wasser angepasst und allesamt Wasserraubtiere.

Alle Arten der Flossenfüßer tragen in beiden Geschlechtern auf der Oberlippe Schnurr- oder Tasthaare, die im Nasenbereich besonders empfindlich sind. Jedes dieser Haarfollikel ist dabei von sensiblen Nervenfasern umgeben, welche die Unterwasserjäger in die Lage versetzen, selbst geringfügige, durch ein Beutetier verursachte Wasserbewegungen wahrzunehmen – vor allem dann, wenn die Sicht schlecht ist. Während ihrer Tauchgänge dienen die Schnurrhaare den Tieren vielleicht sogar als eine Art Geschwindigkeitsmesser. Einige Robben benutzen ihre Schnurrhaare anscheinend auch dazu, den Durchmesser ihrer Luftlöcher im Eis abzuschätzen. An Land oder auf dem Eis dienen sie dazu, Gegenstände oder Artgenossen zu untersuchen. Selbst für die Kommunikation werden sie eingesetzt, etwa als Droh- oder Abwehrsignal, wenn manche Robben während eines Kampfes ihre Schnurrhaare aufrichten. Weil männliche Robben regelmäßig ihre Kämpfe um Haremsreviere und Weibchen an den Stränden austragen, macht es Sinn, dass ihre Schnurrhaare länger sind.

Die Träger mit den längsten Schnurrbärten finden sich unter den neun Arten der Pelzrobben oder Seebären, bei denen die Männchen wesentlich größer als die Weibchen sind. Unter ihnen hatte ein männlicher Kerguelenseebär (*Arctocephalus gazella*) mit 48 cm Länge das längste Schnurrbart-Haar von allen. Die Männer dieser auf den Inseln südlich der Antarktis, vor allem auf Südgeorgien, vorkommenden Pelzrobben sind aber auch mit 165–200 cm Körperlänge und 90–210 kg Gewicht im Gegensatz zu ihren nur 115–149 cm großen und 25–55 kg leichten Weibchen echte Brocken. Deren aufgestellte Schnurrbärte beeindrucken Rivalen wie Sexualpartnerinnen sicher mehr, als das bei den menschlichen Schnurrbartträgern der Fall sein dürfte. Auch dann wohl noch, wenn der Weltrekord in Schnurrbart-Spannweite 2,59 m beträgt, gehalten von einem Inder ...

Grüne Luftmatratze: das größte SCHWIMMBLATT

In Gartencentern findet man die ausgesprochen dekorativen Seerosen für den Gartenteich oft in der Abteilung „Wasserpflanzen“. Tatsächlich müsste man sie aber als Schwimmblattpflanzen etikettieren, denn eine echte Wasserpflanze lebt mit sämtlichen Organen unter Wasser, während sich die Schwimmblätter exakt an der Grenzfläche aufhalten und im Prinzip sogar zum Luftraum tendieren wie die Organe einer normalen Landpflanze.

Die mehrere Handflächen großen Schwimmblätter der heimischen See- und Teichrosen sind immerhin so tragfähig, dass darauf auch ein ausgewachsener Wasserfrosch bequem Platz nehmen kann, ohne ständig abzugleiten. Wesentlich tragfähiger sind die besonders großen, fast kreisrunden Schwimmblätter der tropischen Riesenseerose (*Victoria amazonica*). Sie erreichen bis über 2 m Durchmesser und knapp 4 m^2 Fläche.

Die Blätter der Riesenseerose sind bewundernswerte Konstruktionen. Sie werden an langen Stielen unter Wasser angelegt, erreichen die Wasseroberfläche als kugelige Knospe und entrollen sich dann rasch an der Oberfläche, wobei sie die gesamte sonstige Konkurrenz buchstäblich abschirmen. Die Blattaderung besteht aus kräftigen Rippen und Queradern mit großen Luftkammern, die der Blattfläche einen beachtlichen Auftrieb verleihen: Wie eine Luftmatratze tragen sie Zusatzlasten von bis etwa 50 kg. Die Blattränder sind ungefähr 5 cm hoch aufgebogen, so dass sie von leichtem Wellenschlag nicht benetzt werden. Allerdings fangen sie bei den häufigen tropischen Sturzregen gleich eimerweise Wasser auf. Damit die Blätter dann nicht in Schieflage geraten, weisen die aufgebogenen Blattränder regelmäßig Kerben auf, durch die das Niederschlagswasser ablaufen kann.

Seidenfein: der längste SPINNFADEN

In der Natur spinnen erstaunlich viele Arten – die Spinnen sowieso, dann aber auch die Spinnmilben und die zu den Schmetterlingen gehörenden Spinner, bei denen die Raupen entweder umfangreiche und oft sehr auffällige Gespinste bilden oder Puppenkokons fertigen, in die sie sich vor der Verwandlung zum flugfähigen Vollinsekt zurückziehen. Die für Radnetze oder andere Spinnereien eingesetzten Spinnfäden bestehen aus Proteinen (Eiweißstoffen) und gehören zu den besonders bewundernswerten Naturstoffen, die selbst den Kunstfasern der modernen Polymerenchemie bei weitem überlegen sind. Die so genannte Reißlänge eines Fadens aus dem Fangnetz der Gartenkreuzspinne beträgt etwa 80 km – erst bei dieser Länge reißt der Faden unter seinem ohnehin extrem geringen Eigengewicht ab. Die Reißfestigkeit beträgt damit etwa 45 kg/mm^2 bei einem tatsächlichen Fadenquerschnitt von 5–21 μm. Am seidenen Faden zu hängen, ist daher relativ sicherer als eine Bergbahnfahrt am zentimeterdicken Stahlseil. Dennoch verwendet die Umgangssprache das Bild vom zarten zerbrechlichen Seidenfaden im Sinne einer hochgradigen Gefährdung.

Selbst die vielen Meter Fadenmaterial tropischer Spinnen, die Netze bis zu 10 m Durchmesser bauen, sind eigentlich wenig im Vergleich zur Fadenlänge, die die Raupe des Maulbeerseidenspinners (*Bombyx mori*) für die Fertigung ihres Kokons aus zwei Düsen an ihrer Unterlippe zusammenspinnt: Bis zu 4 km Fadenmaterial sind in einem einzigen Kokon verarbeitet. Davon sind aber nur etwa 800 m fehlerfrei abzuwickeln und weiter zu verwenden. Der Kokonfaden besteht aus dem Protein Fibroin und einer klebrigen Hüllsubstanz Sericin. In heißer Seifenlauge wird die Sericinhülle entfernt, um den glänzenden Fibroin-Faden (Durchmesser 8–15 µm) zu erhalten. Für das Seidenkleid eines Mannequins benötigt man etwa 0,5 kg Seide oder rund 1.700 Kokons bzw. 1.350 km Fibroin-Faden. Dafür haben die Seidenspinnerraupen etwa soviel Maulbeerblätter verzehrt, wie die Trägerin des Kleides wiegt.

Hoch hinaus: Wer **SPRINGT** höher als der Kölner Dom?

Sprachpuristen haben auf diese Frage vermutlich eine überraschend schnelle Antwort: Nachbars Katze kann es ebenso wie der Grünfrosch im Gartenteich oder auch jeder von uns, denn der Kölner Dom kann ja gar nicht springen ... Nun betrachten wir hier aber natürlich nicht die Sprunghöhe eines berühmten Bauwerkes, sondern legen einfach die Messlatte auf die Spitze des südlichen Domturmes (157 m). Wollte ein rekordverdächtiger Hochspringer sich darüber hinweg setzen, ohne Anstoß zu erregen, müsste er einen Hüp-

fer von rund dem 100-Fachen seiner Körperlänge vollführen – ein völlig hoffnungsloses Ansinnen. Der derzeitige Hochsprungweltrekord liegt bei 2,09 m (Frauen) bzw. 2,45 m (Männer). Für die Stars im Flohzirkus ist das aber eher unterer Durchschnitt: Ein Hunde- oder Katzenfloh springt – übrigens aus dem Stand – locker 50 cm hoch und überwindet damit ungefähr das 150-Fache seiner Körperlänge – und das kann er, ohne sich allzu sehr abzuhetzen oder gar in Atemnot zu geraten, gleich ein gutes Dutzend Mal hintereinander.

Tierische Powells: der weiteste SPRINGER

Das ist keineswegs Mike (Michael Anthony) Powell, dem am 30. August 1991 der legendäre Riesensatz von 8,95 m gelang und dem seither alle anderen Weltklasse-Weitspringer um einen halben Meter hinterherspringen. Wenn bei einem Weitsprung-Wettbewerb Tiere mitspringen könn-

ten, würden Pumas, Schneeleoparden und Rote Riesenkängurus Powells Rekordsprung atomisieren. Allen anderen Weltklasse-Springern wären sie mit ihren Weiten ohnehin bei weitem überlegen. So liegt der Weitsprungweltrekord eines Pumas (*Puma concolor*) auf ebener Erde bei 11,7 m, Rote Riesenkängurus (*Macropus giganteus*) kamen schon auf nachgemessene 13,5 und 12,8 m. Und ein Schneeleopard sprang sogar 15 m weit über einen Graben. Was aber sind diese Leistungen gegen die Sprunggewalt eines Flohs? So sprang ein 2–4 mm kleiner Menschenfloh (*Pulex irritans*) schon mal gemessene 33 cm weit. Wir sollten halt nicht Äpfel mit Birnen, geschweige denn menschliche Weitspringer mit Kängurus, Pumas, Schneeleoparden oder gar Flöhen vergleichen.

Baumhoch: die größte STAUDE

Papaya oder Melonenbaum (*Carica papaya*) ist eine immergrüne, mehrjährige Pflanze bis etwa 7 m Höhe mit unverzweigtem Stamm und einem endständigen Schopf großer, tief handförmig geteilter Blätter mit bis zu 1 m langer Spreite. Aus der Entfernung könnte man die Pflanze daher glatt für eine Palme halten. Sie gehört allerdings in eine eigene Familie Melonenbaumgewächse. Äußerst ungewöhnlich ist das Dickenwachstum des kräftigen Stamms, das weitaus komplizierter verläuft als sonst bei einer baumförmig wachsenden Art und sich auch von der ohnehin ziemlich seltsamen Stammbildung bei den Palmen grundlegend unterscheidet. Da im Papaya-Stamm keine nennenswerte Verholzung stattfindet, ist der so genannte Melonenbaum streng genommen kein Gehölz und damit auch kein echter Baum, sondern lediglich eine baumförmig wachsende Staude – ähnlich wie die bis zu 9 m hohe Bananenpflanze. Die Papaya stammt aus Mittelamerika (Panama) und wurde von den Spaniern nach Afrika und Südasien verbreitet. Heute ist die Art ein überall in den Tropen angepflanzter Fruchtlieferant. Regional kann man ihn auch im Mittelmeergebiet sehen. Die großen und recht aromatisch schmeckenden Beerenfrüchte sind auch auf unseren Obstmärkten erhältlich.

Mehr als Statussymbole: die längsten STOSSZÄHNE

Neben ihrem Rüssel sind Stoßzähne das „Markenzeichen" der Elefanten. Stoßzähne können nicht nur als Statussymbole zum Imponieren, sondern auch zum Graben, Entrinden, Bewegen von Gegenständen, als Verteidigungs- wie Angriffswaffen und selbst als Rüsselstütze oder -schutzstange dienen. Imponierend – auch auf uns Menschen – wirken sie allemal, die großen Stoßzähne der Bullen. Während beim Afrikanischen Elefanten beide Geschlechter Stoßzähne ausbilden, entwickeln bei den Asiatischen Elefanten nur die Bullen ansehnliche Stoßzähne. Bei den Weibchen sind sie dagegen nur angedeutet oder fehlen ganz. Asiatische Stoßzahnträger bezeichnet man als Tusker, stoßzahnlose Bullen als Maknas. Ein afrikanischer Steppenelefanten-Bulle, der 1897 am Fuße des Kilimandscharo erlegt wurde, trug die schwersten und längsten je vermessenen Stoßzähne. Einzeln wogen sie 109 und 102 kg bei Längen von 3,11 bzw. 3,18 m. Auch ein Elefant aus Kenia wurde in den 1970er Jahren berühmt: „Ahmed" aus den Bergwäldern um Marasabit in Nordkenia stand bis zu seinem natürlichen Tod 1974 unter dem persönlichen Schutz des damaligen kenianischen Präsidenten Jomo Kenyatta. Heute ist „Ahmed" im Nationalmuseum in Nairobi ausgestellt. Seine prächtigen Stoßzähne wogen 66,6 bzw. 67,5 kg. Damit wäre er würdiges Mitglied im „Club der Hundertpfünder" (gemessen in englischem Pfund). So werden die Bullen im südafrikanischen Krüger-Nationalpark genannt, die über 45 kg Elfenbein pro Zahn mit sich herumtragen. Die berühmtesten Hundertpfünder wiederum waren sieben besonders genau von den Parkrangern beobachtete und betreute Bullen, genannt die „Magnificent Seven“. Hier ihre Namen und Daten:

„Mafunyane“ mit Stoßzähnen von je 2,51 m Länge und 55 kg Gewicht; „Shingedzi“ trug Stoßzähne von 58 kg Gewicht und 2,64 m Länge sowie 47 kg und 2,07 m; „Kambaku“ mit Stoßzähnen von 63 kg und 2,59 m sowie 64 kg und 2,65 m; „Joao“ mit Gewichten von 60 kg und 57 kg und Längen von 2,80 m und 2,66 m; „Dzombo“: 56 kg, 2,65 m und 57 kg, 2,37 m; „Ndlulamithi“: 65 kg, 2,87 m und 57 kg, 2,73 m und der letzte der sieben Glorreichen, „Shawu“: 53 kg, 3,17 m (!) und 51 kg, 3,05 m.

Obwohl nicht zu den berühmten „Sieben“ zählend, standen „Phelwana“ mit 71 kg, 2,77 m und 63,8 kg, 2,57 m sowie „Mandleve“ mit 73,5 und 69 kg Elfenbein den „glorreichen Sieben“ bezüglich ihrer „Manneszier“ in nichts nach. Ein besonders beeindruckender asiatischer Tusker war der berühmte „King Tusk“ (vormals „Tommy“) vom amerikanischen Zirkus Ringling (s. S. 141). Würdige Nachfolger des ebenfalls legendären, 1968 verstorbenen Zirkusbullen „Sahib“ (vormals „August“, Besitzer Georg Frank, Zirkus Frankello) sind heute „Colonel Joe“ vom Zirkus Krone (s. S. 79) sowie der handzahme „Shenka“ des Zirkusbesitzers Stefan Frank (Zirkus Alberti), der im Ridley-Scott-Film „Gladiator“ eine Rolle spielen durfte. Auch im Zoo Emmen, Holland, steht mit „Radza“ aus Riga ein riesiger Tusker inmitten seiner Herde von Weibchen und deren Nachwuchs. Alle drei Tusker, „Colonel Joe“, Shenka“ und „Radza“ tragen besonders schöne Stoßzähne von 1–2 m Länge, wenn nicht sogar länger. Für Elefantenfans ist eine Begegnung mit diesen Riesen ein „Muss“.

Kleinholz: der kleinste STRAUCH

In den winterkahlen Kronen von Pappeln, Weiden, Birken, Hainbuchen, Robinien und Obstgehölzen (vor allem Apfelbäumen) sieht man die kugelförmigen, dichten und grünen Büsche der Laubholz-Misteln. Die Gallier glaubten, die Misteln fallen vom Himmel und bleiben im Geäst hängen. Deswegen waren ihnen diese interessanten Pflanzen besonders heilig – konsequenterweise braute der Druide Miraculix aus speziell geernteten Mistelzweigen für Asterix und Obelix einen besonderen Zaubertrank.

Als immergrüne Kugelbüsche bis rund 1 m Durchmesser sind die heimischen Misteln zwar biologisch recht interessant, aber keineswegs rekordverdächtig. Den Rang eines Rekordhalters überlassen sie daher der kleinsten der weltweit insgesamt 65 Mistelarten: Die Zwerg-Mistel (*Viscum minimum*) aus dem südafrikanischen Kapland wird als ausgewachsener Strauch nicht einmal 1 cm hoch oder breit. Ihre roten beerenartigen Früchte sind meist deutlich größer als die übrige Pflanze. Ungewöhnlich ist auch die Wirtswahl: Die winzige Zwerg-Mistel wächst nur zwischen den Stammrippen der kakteenähnlich aussehenden Säulenwolfsmilch *Euphorbia polygona*.

Hitzestabil: Wo liegen die TEMPERATURgrenzen für Lebewesen?

Ausgeprägte Lebensraumspezialisten und ökologische Sonderlinge können sich an Stellen behaupten, wo andere längst aufgeben müssen. Vor allem das Heer der Mikroorganismen überrascht mit erstaunlichen Vorlieben für ziemlich ausgefallene Existenzbedingungen. Viele von ihnen besiedeln wässrige Lebensräume, aber nicht die übliche Palette zwischen Regenpfütze, Gartenteich oder Bodensee, sondern ein Ambiente, in dem man Leben nach erster

Einschätzung für völlig unmöglich hält: Schon lange kennt man weltweit aus Vulkanquellen beispielsweise die kuriose einzellige Rotalge *Cyanidium caldarium*, die besonders üppig in ungefähr 60 Grad Celsius heißer und gleichzeitig ziemlich konzentrierter Schwefelsäure gedeiht.

Nur weil es eine so beachtliche Bandbreite extremer Mikroorganismen gibt, finden sich nun wirklich in jedem noch so abweisend erscheinenden Erdenwinkel hochgradig angepasste Besiedler mit dem jeweils passenden ökologischen Profil. Als das Tote Meer seinen Namen erhielt, hat man ganz offenbar nicht so ganz genau hingeschaut, denn die hochkonzentrierte Salzlake wimmelt geradezu von mikrobiellen Abenteurern. Und auch das Death Valley ist völlig zu Unrecht als Tal des Todes in die Unterhaltungsliteratur eingegangen. In vielen seiner Teilbereiche geht es nämlich quicklebendig zu.

In der physikalisch-chemischen Umwelt lassen sich die Extremfaktoren recht klar ausmachen. Eiseskälte mit Temperaturen um den Gefrierpunkt oder die Umgebung vulkanischer Feuer im Siedebereich des Wassers sind zweifellos Bedingungen, unter denen sich Leben nach landläufiger Einschätzung normalerweise nicht entfalten kann.

Schon im 19. Jahrhundert erkannte man jedoch an Algenbelägen in den 70 Grad Celsius heißen Karlsbader Thermen, dass manche Organismen sich eben nicht an unsere eigenen Schmerzgrenzen halten. Auch weiß man schon seit geraumer Zeit von Bakterien, welche die Selbstentzündung von Heu verursachen und schon so manche Scheune in Flammen setzten. Solche Brandstifter gibt es in den Gattungen *Bacillus* und *Clostridium*. Aber erst die systematische Erforschung ungewöhnlicher Lebensräume der Erde, beispielsweise festländischer oder untermeerischer Vulkanfelder, führte zur Entdeckung von Bakterien, deren Wachstumsoptimum immer oberhalb von 80 Grad Celsius liegt. Man nennt sie deswegen Hyperthermophile. Bei Temperaturen, bei denen wir uns immer noch die Haut verbrühen, fallen diese Heißwasserspezialisten bereits in Kältestarre. Unter schwachem Überdruck ertragen sie sogar Temperaturen von über 100 Grad Celsius – der Rekordhalter bringt es sogar auf knapp 130 Grad Celsius. Sie kommen in Vulkanquellen vor, wie man sie von Island, aus dem großartigen Yellowstone Park oder in der Bucht von Neapel kennt. Seltsam lauten auch die wissenschaftlichen Gattungsnamen, die man ihnen gegeben hat – etwa *Pyrobaculum* („Feuerstäbchen"), *Thermofilum* („Hitzefaden"), *Archaeoglobus* („Urkugel") oder *Thermotoga* („Hitzehülle").

Fast unvorstellbar groß: das größte TIER, das je auf Erden gelebt hat

Um es zu finden, müssen wir nicht in längst vergangenen Zeitepochen suchen. Es lebt unter uns, wird 24–27 m lang und 130–150 t schwer – ein Gewicht, das etwa dem von 33 Elefanten entspricht, den größten, heute an Land lebenden Tieren. Ein Körper mit solch gewaltigen, in „Elefanteneinheiten" messbaren Dimensionen, kann nur im Wasser existieren. An Land würden zur Fortbewegung dieser Masse so gigantische Gliedmaßen notwendig sein, dass sie jedem physikalischen Gesetz widersprächen. In den polaren bis tropischen Meeren ist er in drei Unterarten zu Hause, der Nördliche, der Südliche und der Zwergblauwal. Die beiden ersten Blauwalunterarten *Balaenoptera musculus musculus* und *B. m. indica* übertreffen an Größe alles, was jemals als Dinosaurier unsere Erde bevölkerte. Der in den Meeren der Südhalbkugel, vor allem im südlichen Indischen Ozean und im Südpazifik beheimatete Zwergblauwal *B. m. brevicauda* wird dagegen „nur" bis zu 24 m lang und „gerade mal" 70 t schwer.

Doch worin liegt der Vorteil dieser Riesen? Große Körper können einfach mehr Fett zum Warmhalten einlagern. Außerdem ist für Warmblüter zur Erhaltung ihrer Körperwärme im eiskalten Meerwasser eine große Körpermasse von Vorteil, denn mit zunehmender Größe wird das Verhältnis von Oberfläche zum Volumen immer günstiger. Zudem weisen alle Meeressäuger als „Isolierschicht" ein Unterhautfettgewebe auf, den Blubber. Diese Schicht kann bei den arktischen Grönlandwalen bis zu 50 cm dick werden. Selbst beim Tieftauchen hält der Blubber die Körpertemperatur konstant auf 36–37 Grad Celsius. Bei solcherart Isolierung kann es Walen allerdings leicht zu warm werden! Weil die Fähigkeit zur Sauerstoffspeicherung proportional zur Körpergröße wächst, können Großwale mehr Sauerstoff speichern – und das sowohl absolut als auch in Relation zum Sauerstoffverbrauch. Deshalb können die größten Wale auch am tiefsten tauchen. Wie aber wiegt man ein solch schweres Tier wie den Blauwal? Noch nie konnte einer „am Stück" gewogen werden. Immer wurden die Gewichtsangaben durch Addition von Teilmengen eines Wals ermittelt (wie Fleisch + Speck + Knochen). Die schwersten Blauwale waren Kühe, die im Südpolarmeer bzw. im Südatlantik „gewogen" wurden. Sie ergaben Gewichte von 190 bzw. 199 t. Auch der längste, je vermessene Blauwal war eine Kuh, die 1909 bei Grytvillen (South Carolina) am Südatlantik strandete und unglaubliche – aber nachgemessene – 33,58 m lang war.

Alt wie Methusalem: das langlebigste TIER

Unter den Säugetieren ist das immer noch der Mensch. Von unserer Art gibt es nicht wenige Exemplare, die deutlich das biblische Alter von über 100 Jahren überschritten haben und dabei noch recht fit in Geist und Körper

durchs Leben schreiten. Die über 110-jährigen sind da schon seltener. Sie werden deshalb auch als „Supercentenarians" aus den Menschen mit dreistelligen Lebensjahren herausgehoben. Unter den Altersrekordlern befinden sich vor allem Frauen. So starb 2005 eine Holländerin mit 115 Jahren. Drei Wochen vor ihrem 117. Geburtstag verstarb 2006 eine Südamerikanerin und eine alte Dame vom gleichen Kontinent soll bereits 126 Jahre Erdenbürgerin sein.
Nach uns in Sachen Langlebigkeit folgt unter den Säugetieren der Elefant. 100-jährige Elefanten gehören jedoch eindeutig in den Bereich der Märchen. Über wilde Elefanten liegen kaum sehr genaue Altersangaben vor. Am ehesten lassen sich – dank ihrer unverwechselbaren Individualmerkmale – die großen Stoßzahnträger altersmäßig einstufen: Unter den afrikanischen Elefanten gelten die Bullen ab 45–50 Jahren als alt, ihr Höchstalter erreichen sie zwischen 55 und 60 Jahren. Die Rüsselträger sind dann längst nicht mehr so kraftstrotzend wie ihre Geschlechtsgenossen zum Höhepunkt ihres Lebens. Es sind ihre Zähne, genauer die Backenzähne (Molaren), die ein Elefantenleben endlich machen. Vier davon, sozusagen ein Molarenquartett, trägt jeder Dickhäuter als Kaufläche mit sich rum. Und sechsmal können sich die Backenzähne im Laufe eines Elefantenlebens erneuern. Der Verlust von Molar I erfolgt zwischen dem 1. und 2. Lebensjahr, von Molar II zwischen dem 3. und 4. Lebensjahr. Die nächsten Zahnwechsel kommen dann zwischen dem 9. und 10 (Molar III) und zwischen dem 19. und 25. Lebensjahr (Molar IV). Für den Wechsel von Molar V und Molar VI gibt es dagegen keine gesicherten Altersangaben. Sicher ist nur, dass das 6. Molarenquartett unwiderruflich das letzte bei Elefanten ist. Nach Verbrauch bzw. Abnutzung dieser Zähne sterben die Tiere, weil sie mangels funktionstüchtigem Kauapparat schlichtweg verhungern müssen. Würden Elefanten wie Menschen behandelt, käme kaum einer von ihnen

ins Rentenalter. Verbürgter Altersrekord einer Elefantenkuh ist 65 Jahre. Es war „Jessie“, die als Geschenk des Königs von Siam in den Zoo Sydney kam und nachweislich dort 55 Jahre lang als Reitelefant zahllose kleine AustralierInnen auf ihrem grauen Rücken trug. 55 Jahre lebte die asiatische Elefantenkuh „Kitty“ im weltberühmten Zirkus Krone. Und „King Tusk“, ein asiatischer Bulle mit gewaltigen Stoßzähnen (also ein „Tusker“) trat zuletzt in den Ringling-Shows als Starattraktion auf, um mit 55 Jahren auf der Ringling-Station für ältere Elefanten in Williston, Florida – quasi ein Elefanten-Altersheim – wegen Fußproblemen eingeschläfert zu werden. Für unsere nächsten Verwandten, den Menschenaffen, liegen die verbürgten Altersrekorde bei 59 Jahren in menschlicher Obhut (ein Schimpanse im Yerkes Primatenzentrum und ein Orang Utan im Zoo von Philadelphia, beides USA) bzw. gegen 50 Jahren bei einem Berggorilla in seinem natürlichen Lebensraum, den Vulkanbergen im Grenzgebiet von Zaire, Ruanda und Uganda.
Wenn wir uns unter den Landtieren außerhalb der Säugetiere umsehen, werden manche Kriechtiere doch deutlich älter als Menschen und Elefanten. Altersangaben von über 200- bis 300-jährigen Landschildkröten sind allerdings ebenso wenig seriös nachgewiesen wie die von bis zu 200 Jahre alten Krokodilen. Das höchste belegte Alter für ein Krokodil erreichte mit 66 Jahren ein weiblicher Mississippi-Alligator im südaustralischen Adelaide-Zoo. Er kam am 5. Juni 1914 dort als 2-jähriges Krokodilchen an, wuchs und gedieh und lies sich dort bis zu seinem Tod am 26. September 1978 bewundern. Die älteste Schildkröte – und gleichzei-

tig das älteste an Land lebende Tier – war mit 152 nachweisbaren Lebensjahren ein Männchen der Seychellen-Riesenschildkröte der Unterart *Geochelone gigantea sumeirei*. Sie wurde mit weiteren vier ihrer Artgenossen nach Mauritius gebracht und dort den französischen Soldaten der Garnison von Port Louis geschenkt. Mit Einnahme der Insel durch die Briten 1810 wurden die Schildkröten von den kapitulierenden Franzosen offiziell an die Briten übergeben. Das letzte Exemplar machten die englischen Soldaten zu ihrem Maskottchen. Es erblindete 1908 und starb 10 Jahre später, als es durch einen Geschützstand fiel. Nachdem die Schildkröte beim Einfangen auf den Seychellen bereits ausgewachsen war, könnte sie auch knapp 200 Jahre alt geworden sein. Sicher ist, dass sie das letzte überlebende Exemplar der Unterart *sumeirei* war, die damit 1918 den (Unter)Artentod starb. Ein langes Leben, ob als Elefant, Menschenaffe oder Mensch, scheint allemal abwechslungsreicher zu sein als das einer Schildkröte.

Flüssige Wesen: das wasserhaltigste TIER

Auch der knochigste Zeitgenosse mit staubtrockenem Humor ist – analytisch betrachtet – ein wandelndes Gewässer: Der menschliche Körper besteht im Durchschnitt zu rund 75 % aus dem wunderbaren Naturstoff H_2O. Von der Sohle bis zur Brustlinie sind wir also nichts als klare Flüssigkeit, und nur von der Brusthöhe bis zum Scheitel organische oder sonstige Trockensubstanz.

Bei Organismen im Lebensraum Wasser ist der wässrige Anteil meist noch deutlich höher, denn sie können im Allgemeinen auf tragende, stützende Körperkonstruktionen verzichten. Das Wasser nimmt ihnen sozusagen einen großen Teil der statischen Probleme ab. Die mit Abstand wässrigsten Tiere sind die frei schwimmenden Nesseltiere, von Fachleuten Medusen genannt, von Badetouristen gewöhnlich als Quallen zitiert. Obwohl einige Arten mit ihren äußerst potenten Nesselgiften kritisch gefährlich sind (vgl. S. 86), gehören sie vor allem im Lebensraum Meer zu den am meisten formvollendeten Geschöpfen überhaupt – transparent wie elfengleiche Traumgebilde mit Schleiern und Schleppen in zartester Pastelltönung. Manche Arten wie die große Wurzelmundqualle (*Rhizostoma atlanticum*) werden mit 1 m Durchmesser fast wagenradgroß. Vom Wellengang auf den Strand geworfen, welkt ihre bezaubernde Ästhetik allerdings rasch dahin. Die sommerliche Sonne leistet ein Übriges. Zurück bleibt nach Stunden oder längstens Tagen nur ein folienartiges Häutchen. Gestrandete Medusen kann man regelrecht herbarisieren: Schon unter mäßigem Druck verflachen sie sich auf einem Bogen Schreibpapier zum hauchdünnen Film. Eigentlich kein Wunder: Ihr Wassergehalt beträgt rund 99%.

Geborgenheit im Mutterschoß: die längste TRAGZEIT

aller Säugetiere haben Elefanten. Während sie beim Afrikanischen Elefanten (*Loxodonta africana*) rund 656 Tage beträgt, dauert sie beim Indischen Elefanten (*Elephas maximus*) zwischen 615 und 668 Tagen. Das sind etwa 22 Monate, die von der Zeugung bis zur Geburt eines neuen Rüsselträgers vergehen. Wer soviel Zeit in seinen Nachwuchs investiert, geht entsprechend liebevoll und fürsorglich mit dem neuen Erdenbürger um. Nicht umsonst gehört das Beobachten von tollpatschigen Elefantenbabys, die von ihrer Mutter und einigen Tanten gemeinsam betreut werden, zu den entzückendsten Erlebnissen. Elefantengeburten bescheren Zoos deshalb immer auch volle Kassen. Dagegen machen es die Kurznasenbeutler kurz: Bei ihnen kommen die Jungen bereits nach 12,5 Tagen Tragzeit zur Welt, um gleich danach ohne großes „Tamtam“ im mütterlichen Beutel zu verschwinden.

Wind unter den Federn:

Der älteste **VOGEL** – das bleibt erdgeschichtlich unbestritten der Urvogel *Archaeopteryx lithographica*. Weil er sowohl Vogel- wie Reptilienmerkmale zeigt, liefert er den eindeutigen Beweis, dass Vögel von den Kriechtieren abstammen. Im späten Jura vor 150 Millionen Jahren war der elsterngroße *Archaeopteryx* unterwegs – ob aus eigenem Antrieb fliegend oder eher gleitend, bleibt bis heute Anlass zum Gelehrtenstreit. In der jüngeren Erdgeschichte hält ein anderer Vogel den Altersrekord: Mit 82 Jahren erreichte ein Schneekranich (*Grus leucogeranus*) das höchste nachgewiesene Lebensalter eines Vogels. Er soll 1905 in einem Schweizer Zoo geschlüpft und Ende 1988 im Kranichzentrum der International Crane Foundation in Baraboo, Wisconsin (USA) gestorben sein – und das auch nur, weil sich dieser Methusalem den Schnabel bei der Abwehr eines Besuchers brach. Während Altersrekorde von 100 Jahren für Papageien bisher unbestätigt blieben, ist für ein Gelbhaubenkakadu-Männchen (*Cascatua galerita*) ein Alter von über 80 Jahren verbürgt. Das Tier starb 1982 im Londoner Zoo. Sein voriger Besitzer hatte es 1925 dorthin übergeben, nachdem er den Kakadu bereits seit 1902 vollerwachsen bei sich gehalten hatte. Als Wildvogel rekordverdächtig ist ein weib-

licher Königsalbatros (*Diomedea epomohora*) namens „Blue-White“. Das Tier wurde 1937 ausgewachsen bei Neuseeland beringt und kehrte erst 1990 nicht mehr zu seiner Kolonie zurück. Nimmt man für den Brutbeginn ein Lebensalter von neun Jahren an, muss „Blue-White“ 1928 oder noch früher geschlüpft sein. Noch mit 60 Jahren legte das Albatros-Weibchen, jetzt zu Recht in „Granma“ umgetauft, noch ein Ei. Fürwahr, der älteste Brutvogel der Welt ...

Überragende Vögel: der größte VOGEL

der größte **VOGEL** der heute noch unter uns lebt, ist der Afrikanische Strauß. Unter den fünf Unterarten von *Struthio camelus* ist *S. c. camelus*, der Rothals-Strauß, mit bis zu 2,75 m Höhe der allergrößte. Kopf und Hals dieses Rekordhalters sind allein schon 1,4 m lang. Sein Verbreitungsgebiet dehnt sich südlich des Atlasgebirges vom Oberlauf des Senegals und Nigers bis zum Sudan und Zentraläthiopien aus. Straußenhähne sind im Schnitt größer und schwerer als ihre Hennen (Hähne 210–275 cm bei 100–156 kg, Hennen 175–190 cm bei 90–100 kg). Gewichtsmäßig wird der Rothals-Strauß allerdings noch von seinem Vetter in Südafrika, *S. c. australis*, übertroffen. Schwergewichtige Südafrikanische Strauße können bis zu 160 kg wiegen. Weitaus schwerer wurde wohl ein prähistorischer, riesiger Vogel von Emugestalt. Vor 25.000 bis 15 Millionen Jahren in Südaustralien lebend, berechnete man anhand seiner fossilen Beinknochen ein Gewicht von bis zu 500 kg für diesen etwa 3 m hohen Riesenvogel *Dromoris stirtoni*. Mit diesen Maßen übertraf er den ebenfalls flugunfähigen, auf Madagaskar lebenden Elefantenvogel (*Aegyornis maximus*) bei gleicher Körperhöhe etwa um 50 kg. An Höhe reichte jedoch keines dieser beiden Schwergewichte an den ebenfalls schon ausgestorbenen neuseeländischen

Riesenmoa (*Dinornis maximus*) heran. Zwar „nur" etwa 227 kg wiegend, erreichte das größte Exemplar dieser Vogelart eine Höhe von 3,7 m. Mit dem Auftauchen von Menschen auf den neuseeländischen Inseln war das Schicksal der Moas besiegelt. Es waren vormaorische Moa-Jäger, die etwa ab 950 n. Chr. mit ihren Hunden zuerst den völlig arglosen Moa-Arten des offenen Graslandes nachstellten, um die letzten Wald-Moas schließlich um 1500, vielleicht sogar erst im 18. Jahrhundert zu erlegen. Letztes Datum bleibt wohl eher Wunschdenken, ebenso wie die lang gehegte Hoffnung, dass eine kleine Moa-Art den Fleischhunger der Menschen überlebt haben könnte.

Echte Elfen: der kleinste VOGEL

Dieser Titel gehört einem auf Kuba und auf Isla de Pinos lebenden Kolibri, der Bienenelfe *Mellisuga helenae*. Die rotköpfigen Männchen sind die winzigsten Vögel der Welt. Bei einer Gesamtlänge von 5–6 cm machen Schnabel und Schwanz fast die Hälfte der Körperlänge aus. Während die Bienenelfen-Männchen 1,6 g auf die Waage bringen, wiegen die ohne rot im Gefieder auskommenden, grüngescheitelten Weibchen immerhin 0,3 g mehr. Mit 6–7 cm Gesamtlänge auch nicht viel größer ist die Hummelelfe *Chaetocerus bombus*

aus den Wäldern Ecuadors und des nördlichen Peru. Im Gegensatz zur Bienenelfe ist die Hummelelfe aber vom Aussterben bedroht. Ihr Lebensraum, der Nebelwald, wird immer weiter abgeholzt. So scheint selbst für solche Winzlinge, für die es für uns und für alle unsere Mitlebewesen keinen Ersatz gibt, aufgrund unseres Raubbaus bald kein Platz mehr auf der Erde zu sein.

Welche ist die kleinste WASSERPFLANZE?

Zugegeben: Klein fangen sie alle einmal an – als winzige und manchmal sogar staubfeine Samenkörner, die mühelos und fast unbegrenzt über die Luftroute verbreitet werden. Die kleinste Blütenpflanze der Welt kommt aber selbst im voll ausgewachsenen Zustand kaum über Samenkorn-Abmessungen hinaus. Sie trägt den bezeichnenden Namen Zwerglinse – ein Winzling, der kaum mehr als 1 mm lang, breit und hoch wird. Die in Mitteleuropa mit vier weiteren Arten vorkommenden Wasserlinsen, regional auch Entengrütze genannt, sind im Sommerhalbjahr überall auf stehenden Gewässern zu sehen. Sie bilden hier nahezu geschlossene, meist hell- bis frischgrüne Schwimmdecken, durch die kaum noch Licht auf den Gewässergrund vordringen kann. Im Unterschied zu den etwas größeren Teich- und Wasserlinsen, die ihre kleinen Wurzeln wie Kielschwerter oder Treibanker in das Wasser eintauchen lassen, ist die heimische Zwerglinse völlig wurzellos – ein Merkmal, das sie auch im wissenschaftlichen Artnamen führt (*Wolffia arrhiza* = Zwerglinse ohne Wurzel). Sie zeigt auch sonst kaum noch gestaltliche Anklänge an eine echte Blütenpflanze, zumal sie in Europa nie blüht, und ist wohl als stark abgeleitet bzw. vereinfacht aufzufassen. Ihre Oberseite ist nur flach gewölbt, die Unterseite dagegen stärker bauchig. In der Fachsprache der Bootsbauer könnte man sie daher so charakterisieren, dass ihre Konstruktionswasserlinie gleichsam mit der Bordkante zusammenfällt. Sie treibt also wie eine flache Jolle ohne Freibord bzw. als besonders tief gehende Boje auf dem Wasser umher. Angesichts dieser sehr einfachen Formgebung ist nicht einmal sicher zu entscheiden, ob der Linsenkörper nun eigentlich ein umgewandeltes Blatt oder eine stark gestauchte Sprossachse ist oder gar von beidem jeweils nur reduzierte Anteile in sich vereinigt.

Wolffia arrhiza ist nur in der Alten Welt und vor allem im südlichen Eurasien verbreitet. Die erst 1980 in Australien entdeckte *Wolffia angustata* ist sogar noch etwas kleiner – bis zu 0,6 mm lang und knapp 0,4 mm breit.

Alles kleine Fische: das kleinste WIRBELTIER

Als kleinstes Wirbeltier der Welt galt bis vor kurzem ein winziger Korallenfisch (*Schindleria brevipinqius*), bei dem australische Forscher die Geschlechtsreife für ein nur 8,4 mm langes Weibchen nachweisen konnten. Die Fortpflanzungsfähigkeit gilt bei Biologen als Merkmal für ein erwachsenes Tier. Vor kurzem fanden deutsche Biologen in den stark säurehaltigen Schwarzwasser-Torfmoosen Indonesiens jedoch einen noch kleineren Minifisch. Manche Exemplare der *Paedocypris progenetica* genannten Art werden nur knapp 8 mm lang. Das kleinste geschlechtsreife Weibchen unter den bislang gesammelten Exemplaren maß nur 7,9 mm. Zusammen mit der ebenfalls neuen, nur wenig größeren Art *Paedocypris micromegethes* aus Malaysia bildet der indonesische Winzling auch eine ganz neue, eigene Fischgattung. Doch weitere Forschungserkenntnisse könnten an der rasanten Zerstörung des Lebensraumes dieser Mini-Fische scheitern. Auch die winzige Korallenfischart hat bisher nur wenige Geheimnisse von sich preisgegeben, denn bis heute sind nur sechs Exemplare bekannt. Von den (kleinen) Korallenfischen weiß man, dass sie zwischen den Tentakeln großer Seeanemonen leben. Während diese mit ihren Nesselkapseln häufig Fische zum eigenen Verzehr fangen, bleiben Korallenfische von ihnen ungeschoren. Auch sind sie gegen das Nesselgift immun. Die Vergesellschaftung bringt den Korallenfischen Sicherheit, den Seeanemonen möglicherweise (als Gegenleistung) eine bessere Durchlüftung ihres Magen-Darm-Raums.

Zu lang für den Angelhaken: der dickste (Regen-)WURM

– das ist der Riesenregenwurm *Megascolides australis.* Auf der anderen Seite der Erde zu Hause, erreicht der Wurmriese Längen von 2–5 m bei einer Dicke von bis zu 8 cm. Unsere Regenwürmer haben sich vor etwa 200 Millionen Jahren entwickelt und sind damit erdgeschichtlich älter als die Dinosaurier. Dass bei einem zertrennten Regenwurm beide Teile weiterleben, ist dagegen ein weit verbreiteter Irrtum. Nur ein Wurm-

teil, und zwar der vordere, hat eine Überlebenschance – und auch nur dann, wenn er lang genug ist.
Die Zahl der Ringsegmente, aus denen der Regenwurmkörper besteht, nimmt mit dem Alter der Tiere zu. Mit Hilfe von Ring- und Längsmuskeln, die nacheinander kontrahieren, bewegt sich der Regenwurm wellenartig vorwärts. Die Borstenpaare dienen dabei als Widerhaken. Optisch besonders auffällig ist im Frühjahr das Klitellum am Ende des ersten Körperdrittels. Dieser Gürtel besteht aus mehreren angeschwollenen und helleren drüsigen Segmenten. Hier wird Schleim abgesondert, der bei der Paarung und Kokonanlage der Regenwürmer im Frühjahr benötigt wird. Die Tiere haben als Zwitter sowohl weibliche als auch männliche Geschlechtsorgane und befruchten sich bei der Paarung wechselseitig.

Kein armer Wurm: der längste WURM

Würmern haftet ein negatives Image an. Ein „armer Wurm" oder ein „armes Würmchen" ist ein hilfloser Mensch. Wer sich „windet wie ein Wurm" fügt sich unterwürfig oder rückt nicht mit der Sprache heraus. Wenn uns etwas quält, „wurmt es uns" und in manch äußerlich verlockendem Apfel bis zum „tollen" Angebot kann durchaus „der Wurm drin sein". In den seichten Nordsee-Gewässern ist er allemal drin, der längste bekannte Wurm. Das ist ein Schnurwurm, der zu Recht auf den wissenschaftlichen Namen *Lineus longissimus* „hört" und es dabei auf gute 45 m Länge bringt. Ein Exemplar, das 1864 nach einem starken Sturm bei St. Andrews, Fife (Großbritannien), an den Strand gespült wurde, war sogar über 55 m lang!
Wenn auch nicht besonders beliebt – außer bei Anglern – so doch als Bodenverbesserer äußerst nützlich, sind unsere Regenwürmer.

Wenn wir beim Graben im Garten 10 cm lange Regenwürmer zu Tage fördern, ist das nichts im Vergleich zum längsten Regenwurm, dem riesigen *Michrochaetus rappi* aus Südafrika. Bei einer durchschnittlichen Länge von 1,36 m ist, wie 1937 in Transvaal geschehen, durchaus auch mal ein Exemplar von 6,7 m Länge dabei. Das kann sich dann längenmäßig durchaus mit Riesenschlangen (s. S. 124) messen, nicht aber mit deren Körperdurchmesser: Schließlich bringt es der längste „Regenwurm" im Durchmesser gerade mal auf „schlappe" 2 cm. Unser einheimischer längster, der Gemeine Regenwurm *Lumbricus terrestris*, wird immerhin 30 cm lang.

Mörderisch: der größte ZAPFEN

Was bei Laubbäumen die Früchte, sind bei den Nadelbäumen die im bürgerlichen Sprachgebrauch Zapfen genannten Samenstände. Nach ihren dekorativen Samenbehältern nennt man die betreffenden Gehölze auch Zapfenträger oder Koniferen. Form und Größe der Zapfen sind so charakteristisch, dass man danach mit Leichtigkeit die einzelnen Nadelbaumarten unterscheiden kann. Zwischen Zapfengröße und arttypischer Wuchshöhe der betreffenden Baumart besteht allerdings keine direkte Beziehung. Die Kanadische Hemlock (*Tsuga canadensis*), die mit 80 m und mehr Wuchshöhe zu den höchsten Bäumen der Welt gehört, entwickelt besonders kleine, nur aus wenigen Schuppen bestehende und etwa 1 cm lange Zapfen. Bei der kaum weniger hohen Lawson-Schein-

zypresse (*Chamaecyparis lawsoniana*) aus den nördlichsten Regenwäldern der Erde im westlichen Kanada, werden sie ungefähr erbsengroß. Das andere Ende der Größenskala beherrschen zwei nordamerikanische Kieferarten. Die mit Abstand längsten Zapfen hängen an der in der pazifischen Küstenregion beheimateten Zucker-Kiefer (*Pinus lambertiana*) – reif sind sie bis zu 50 cm lang und geöffnet etwa 15 cm dick. Dabei sind sie allerdings recht leichtgewichtig – im Gegensatz zu den besonders massiven Zapfen der Coulter-Kiefer (*Pinus coulteri*) aus dem südwestlichen Kalifornien. Diese Superlative unter den Zapfen werden bis zu 30 cm lang bei etwa 20 cm Breite und wiegen bis zu 2 kg. Ihre Schuppen sind am Ende in breite, scharfkantige und abstehende Haken ausgezogen, die erhebliche Probleme verursachen, wenn sie unglücklicherweise auf der Schädeldecke landen. In Kalifornien nennt man sie daher respektvoll „widowmaker" (= Witwenmacher).

Zellen im Glashaus: Wer hat die stabilste ZELLWAND?

Man findet sie in allen Gewässern zwischen Regenpfütze und Ozean. Sie leben in der Pflanzerde von Blumentöpfen, unter den Schwimmblättern von Seerosen, auf den Ruderarmen von Wasserflöhen und auf der Haut von Buckelwalen. Goldglänzend überziehen sie das trockengefallene Schlickwatt, wohnen in Körpergeweben mancher Strudelwürmer und hängen wolkenweise in den riesigen Freiwasserräumen der Weltmeere herum. Sie sind in Zündholzköpfen enthalten, in Schleif- und Poliermitteln, in der Wärmeisolierung von Heizungsleitungen, in Filtermassen der Getränkeindustrie, in den Feuersteinknollen der Schreibkreide und verringern, wie Alfred Nobel 1867 herausfand, die enorme Stoßempfindlichkeit des

Sprengstoffs Nitroglycerin zum etwas handlicheren Dynamit: Kieselalgen, auch Diatomeen genannt, sind seit Jahrmillionen eine der erfolgreichsten Organismengruppen.

Die Kieselalgen sitzen gleichsam in einer gläsernen Schale, die man sich vereinfacht als Käseschachtel vorstellen kann: Ein Deckel greift über einen Boden, und der lebende Zellinhalt befindet sich exakt dort, wo in der Schachtel der Camembert sitzt. Tatsächlich bestehen die beiden Schalenhälften aus durchsichtigem Silikat und damit praktisch aus biologisch gefertigtem Glas. Die gewaltige Formenfülle der Kieselalgen lässt sich auf wenige Grundmuster zurückführen. Neben den flachen Rundlingen vom Zuschnitt der Käseschachtel gibt es auch langgestreckte wie eine Thermometerhülse oder andere, die an Geigenkästen, Turnschuhe, modische Damenhandtaschen, Pralinenschachteln, Sofakissen oder Ruderboote erinnern.

Als reine gläserne Silikatgebilde können die Kieselalgenschalen chemisch nicht verwittern oder sich einfach auflösen. Diatomeenschalen sind staubfeine Konstruktionen – meist irgendwo in der Spanne zwischen 0,02 und 0,1 mm Durchmesser. Daher sind sie auch in der Partikelfracht der Luft enthalten. Auf dieser Route gelangen sie durch die Bronchien in die Lungen der Landtiere und von dort mit dem Blutstrom in alle möglichen Körperorgane. Jeder von uns trägt daher ein paar tausend gestrandete Diatomeenschalen mit sich herum. Aus dem Schalenfeinbau lassen sich anhand der Schalendepots in den Körperorganen eventuell sogar entscheidende Phasen aus der Biografie der betreffenden Person rekonstruieren – ob sie längere Zeit an einem küstennahen Ort lebte oder in einer Region mit stehenden Kleingewässern. So bieten die formschönen Kieselalgen selbst für die Gerichtsmedizin verwertbares Befundmaterial.

Die längste ZUNGE der Welt

Nicht die längste Praline, dafür aber die längste Säugetierzunge der Welt, gehört – gemessen an der Körpergröße – keineswegs etwa den langhalsigen Giraffen (s. S. 61), die damit in für andere Arten unerreichte Nahrungshöhen vordringen können, sondern einer kleinen tropischen Blattnasenfledermaus. Mit ca. 8,5 cm ist die Zunge der Langnasen-Fledermaus *Anoura fistulata* bis zu 1,5-mal so lang wie das ganze übrige Tierchen. Nicht wie üblich entspringt diese Rekordzunge in der Mundhöhle dieser Fledermaus, sondern zwischen Herz und Brustbein. Die in den Nadelwäldern Ecuadors umherflatternde Fledermaus nutzt ihre extrem lange Zunge, um damit Nektar aus den tiefen Blütenkelchen der Glockenblume *Centropogon nigricans* zu saugen. Im Gegenzug für diese süße Belohnung wird die Blume von der Fledermaus bestäubt. Was Forscher bisher nur vermuteten, scheint damit bewiesen: Der erste Fall einer derartigen Spezialisierung von Blumen und Fledermäusen deutet auf eine gemeinsame Evolution, eine Co-Evolution von Blüte und bestäubendem Tier, hin.

ZWERGMÄNNCHEN: leichte Jungs und schwere Mädchen

Was bei menschlichen Paaren eher an eine Karikatur erinnert, ist bei vielen Tierarten völlig normal: Das Weibchen ist deutlich größer als das Männchen und übertrifft es folglich auch an Gewicht. Bei den heimischen Greifvogelarten wie dem Baumfalken beträgt das Gewichtsverhältnis des Männchens zum Weibchen ungefähr 1:1,5, beim Sperber ist das Weibchen sogar 2,2-mal so schwer wie das Männchen. Geradezu walkürenhaft zeigen sich die bis zu 13 cm langen weiblichen Erdkröten, die ihre höchstens 8 cm langen Männchen sogar huckepack zum Laichgewässer tragen. Auch bei etlichen

Fischen finden sich erhebliche Größenunterschiede der Geschlechter – beim Europäischen Aal sind die bis über 1 m langen Weibchen meist mehr als doppelt so lang wie die höchstens 50 cm langen Männchen.

Noch ungewöhnlicher sind die Größenverhältnisse bei vielen Tiefseefischen aus der Familie der Anglerfische. Beim Laternenangler *Linophrye arborifera* ist das Weibchen etwa 25 cm lang, das Männchen dagegen nur um 3 cm. Mehr noch: Hat das vergleichsweise winzige Männchen eine Partnerin gefunden, beißt es sich irgendwo an deren Körper fest und verwächst mit ihm, bildet die meisten eigenen Körperteile zurück und wird somit gleichsam zu einem zusätzlichen Geschlechtsorgan des Trägerweibchens. Bei vielen Anglerfischen macht deshalb die Masse des verzwergten Männchens nur etwa 0,5 % des Weibchens aus. Erhebliche Größenunterschiede zwischen den Geschlechtern kommen in vielen weiteren Verwandtschaftsgruppen vor, so bei manchen Fadengrünalgen und bei einigen Meeresringelwürmern. Selbst die Geschlechtschromosomen der höheren Wirbeltiere greifen diesen Trend auf. Beim Menschen und bei den Menschenaffen ist das X-Chromosom das drittgrößte, das Y-Chromosom, das den Mann zum Mann macht, dagegen das allerkleinste der insgesamt 46 (Mensch) bzw. 48 (Menschenaffen) Chromosomen.

Register

Impressum

Mit 40 Schwarzweiß-Cartoons von Friedrich Werth, Horb

Umschlaggestaltung von eStudio Calamar unter Verwendung einer Illustration von Susanne Straßer, München

Bibliografische Information Der Deutschen Nationalbibliothek
Die Deutsche Nationalbibliothek verzeichnet diese Publikation in der Deutschen Nationalbibliografie; detaillierte bibliografische Daten sind im Internet über http://dnb.ddb.de abrufbar.

Gedruckt auf chlorfrei gebleichtem Papier

ISBN: 978-3-440-11113-0
Projektleitung: Dr. Stefan Raps, Alke Rockmann
Lektorat: Bärbel Oftring
Produktion: Markus Schärtlein
Printed in The Czech Republic / Imprimé en République Tchèque